滚珠旋压成形技术

马振平　张　涛　编著

北　京
冶金工业出版社
2011

内 容 简 介

本书全面、深入地介绍了滚珠旋压成形工艺、技术与设备等，包括滚珠旋压加工金属薄壁管材工艺原理、滚珠旋压成形方式、施压力分析计算、工艺装置及设备、旋压管件质量分析以及应用有限元技术对旋压过程数值模拟的分析与指导等。

本书可供从事金属材料加工、科研、设计、产品开发和应用等方面的工程技术人员、操作人员、研究人员和管理人员阅读；也可供大专院校有关专业师生参考。

图书在版编目（CIP）数据

滚珠旋压成形技术/马振平，张涛编著．—北京：冶金工业出版社，2011.9
ISBN 978-7-5024-5688-7

Ⅰ.①滚…　Ⅱ.①马…　②张…　Ⅲ.①旋压
Ⅳ.①TG386

中国版本图书馆 CIP 数据核字（2011）第 182675 号

出 版 人　曹胜利
地　　址　北京北河沿大街嵩祝院北巷 39 号，邮编 100009
电　　话　（010）64027926　电子信箱　yjcbs@cnmip.com.cn
责任编辑　张登科　美术编辑　彭子赫　版式设计　葛新霞
责任校对　禹　蕊　责任印制　张祺鑫
ISBN 978-7-5024-5688-7
北京兴华印刷厂印刷；冶金工业出版社发行；各地新华书店经销
2011 年 9 月第 1 版，2011 年 9 月第 1 次印刷
148mm×210mm；8.375 印张；256 千字；254 页
30.00 元

冶金工业出版社发行部　电话：（010）64044283　传真：（010）64027893
冶金书店　地址：北京东四西大街 46 号（100010）电话：（010）65289081（兼传真）
（本书如有印装质量问题，本社发行部负责退换）

前　言

滚珠旋压成形技术是金属成形的一种特殊方法，滚珠变薄旋压金属管材的形式是滚轮强力旋压的一种特例演变加工形式，该种加工方法由于成形工艺方法简便，又具有加工成形的管件尺寸精度高、表面光洁、成形效率高、工装简单、设备费用投资小等特点，已经成为压力加工行业旋薄中小直径管材加工的不可替代的加工形式。因此，当今应用滚珠旋压加工薄壁高精度管件在精密机械、仪器仪表、医疗器械、电子器件、航空航天等工业领域已得到广泛应用。

20世纪中后期，由于滚珠旋压技术的传播应用不是很广泛，期间有关专家、学者只发表了一些应用性专题论文。而近年来，随着滚珠旋压工艺、技术的普及和推广应用，从事滚珠旋压的工作者在研究和生产实践中积累了相当丰富的专业资料和文献。在国外有学者（M. I. Rotarescu）对旋压力进行了较完善的理论分析，在国内关注滚珠旋压工艺发展的一些院校的教授和学者，如康达昌、张士宏、王忠堂、江树勇、薛克敏、李茂盛、张艳秋等在滚珠旋压的不同领域也都作过深入研究和论述，对滚珠旋压的机理认识起到了积极的推动作用。

本书是作者在此领域几十年科研、生产与实践经验总结的基础上，参考了当今国内外发表的有关滚珠旋压技术文献、著作等编写而成的。目的是把目前国内外与滚珠旋压相关的研究成果和新技术加以系统、全面地总结，奉献给广大工程技术人员、大专院校师生，以便深入了解有关滚珠旋压的基础理论知识和工艺方法等，为滚珠旋压工艺、技术的进一步推广、应用和发展尽绵薄之力。

本书共分12章，第1～11章由马振平编写，第12章由张涛编写，最后由马振平统稿审定。本书主要论述了滚珠旋压相关概念、变形机理、变形方式、管件壁厚变薄受力分析和理论计算、影响旋压工艺过程的因素和产品质量分析、辅助工艺及工艺装置的设计、旋压设备的应用介绍及应用 FEM 有限元技术对滚珠旋压过程的分析与指导。

由于滚珠旋压工艺的特殊性和专业性，希望通过本书的介绍，有关滚珠旋压的科技工作者在目前发展应用基础上，进一步完善对滚珠旋薄的变形机理的理论分析与认识，进一步提高成形速度、加快生产效率，进一步发展同其他加工方法联合应用的生产方式等，以促进滚珠旋压技术的普及与广泛应用。

本书在编写过程中，承蒙全国旋压学术委员会专家顾问河北燕山大学王家勋教授热诚的审稿与帮助，并且书中也引用了一些专家、学者的文献资料，在此表示衷心的感谢！

由于作者水平有限，书中不妥之处，敬请读者批评指正。

作 者
2011 年 5 月

目　录

1　滚珠旋压技术的发展及应用特点

1.1　概述

　　金属及合金的旋压工艺是由古老的制陶成形方法发展而来的。直到公元 10 世纪，我国祖先开始了用旋压方法制作金属容器。后来传到欧亚各国，直到 18 世纪后欧洲工业革命的发展才使旋压技术有了实质性工业生产应用。

　　最初旋压常用操作方法是将一块金属圆板安装在类似车床上使其旋转，同时用擀棒紧压其表面，一次一次地加以擀压，使其一点一点变形，直到板坯贴紧芯模成形出圆筒或圆锥之类形状的零件。在漫长岁月中，旋压技术一直局限于普通旋压这种变形方式。后来发展出在车床大拖板的位置，设计成带有轴向运动动力的旋轮架，固定在旋轮架上的旋轮可做径向移动；与主轴同轴连接的是一芯模，旋压毛坯套在芯模上；旋轮通过与套在芯模上的毛坯接触产生的摩擦力反向被动旋转；与此同时，旋轮架在轴向大推力油缸的作用下，做轴向运动。旋轮架在轴向力、旋轮在径向力的共同作用下，对坯料表面实施逐点连续塑性变形。在车床尾顶支架的位置上，设计成与主轴同一轴线的尾顶液压缸，液压缸对套在芯模上的坯料端面施加轴向推力。图 1-1 所示为液压传动普旋机外形图，图 1-2 所示为普旋机旋轮架局部工作图。

　　直到 20 世纪二次世界大战前后旋压技术才由普通旋压发展到强力旋压，并迅速扩大了应用范围。首先应用于民用器皿，后发展到军事工业和航空零件的制造。普通旋压属于板材成形技术，变形过程中壁厚变化不大。而强力旋压属于体积成形，形状和壁厚均发生改变。强力旋压成形所需要的旋压力较大，旋压机的结构一般也较复杂。

　　应用旋轮变薄旋压管形件就是强力旋压的主要应用实例。图 1-3 所示为山西恒亚公司制造的三旋轮数控强力旋压机床。

　　滚珠变薄旋压管形件是强力旋压中的一个分支。它的变形工具用

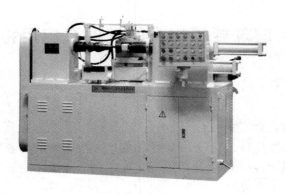

图 1-1 典型液压普旋机

图 1-2 普旋机旋轮架及旋轮

滚珠代替旋轮。滚珠旋压工艺通常适用于直径较小的管筒类零件变形加工。通常直径小于150mm。它的推广应用是在20世纪50年代后期在欧洲和苏联得以应用。而我国滚珠旋压工艺也在60年代初期作为新技术、新工艺在工业展览中得以展示。当时该工艺在我国上海和沈阳的应用多限于仪器仪表中波纹管弹性元件的薄壁筒的加工。直到70年代初，滚珠旋压工艺才逐渐推广到军工、宇航、航空、电子器件、医疗器械和民用空调等行业，用以生产各部门所需的高精度、薄壁、小直径管筒类零件。据报道，当前在欧洲有应用 φ80mm 滚珠旋薄直径1m以上管材加工实例，这类应用是特例。

图 1-3　数控三旋轮强力旋压机

如电真空器件中所应用的行波管管壳、对中管、外套筒、内外导体、阳极支持筒、屏蔽筒、栅极筒、排气管等诸多管筒类零件，过去多采用切削、冲压加工，不但费时费料，往往精度也不能保证使用要求。医疗微创手术器械制造所需的高精度薄壁不锈钢管、低温超冷研制所需管类零件都有滚珠旋压的实际应用。除机械仪器仪表中弹性元件的应用外，在民用铜管乐器中，高精度、高直线度黄铜管及白铜管通过滚珠旋压成形的薄壁管的使用，提高了乐器音响质量。近些年来，随着家用空调器的飞速发展，一种新型传热管得以开发。这种铜管内壁具有螺纹槽的薄壁管也是采用滚珠拉旋工艺得以实现。由于滚珠旋压成形压力低，滚珠抗磨损又易更换，生产成本低，生产效率高，因而在生产中广泛应用。应用该工艺方法制造小锥度细长管件，在民用行业也有报道。

随着科学技术飞速发展，宇航、火箭、导弹、原子能等部门对难熔金属钨钼、钽铌等合金需求日益增长，在 70 年代后上海钢铁研究所、宝鸡稀有研究所、北京有色金属研究总院、广州有色金属研究院及电子器件行业科研单位都采用滚珠旋压加工出不同材质、不同规格的难熔金属管件，为当时我国国防和民用工业发展作出了贡献。

　　由于滚珠旋压工艺方法简单、操作方便，在该工艺方法应用初期，使用车床、钻床、镗床、液压机等通用设备稍加改进，即可实现旋压加工。其加工原理示意图如图1-4所示。

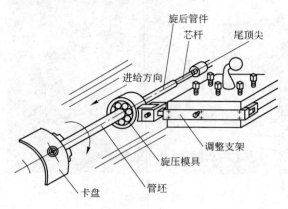

图1-4　车床滚珠旋压示意图[17]

　　后来随着滚珠旋压技术的推广应用，专用的液压传动滚珠旋压机床在60年代中期相继设计制造。机床的形式多为立式三柱、四柱结构，顶部油缸控制轴向进给，工作台面上的模座带动滚珠模具旋转。当时该类旋薄机外形样式如图1-5所示。这类旋薄机加工范围：直径为φ4~60mm，旋压壁厚为0.05~2.0mm，旋压成品长度为500~1000mm。

　　近年来，机器制造业和各工业部门对新产品提出了新的需求，促进了旋压技术的发展。滚珠旋压机应用了程序控制、数控等新技术。促进了滚珠旋压的高效、高质量、自动化生产。如兵器工业第五十五所为航天所需高温合金薄壁管所研制的XYG15-110立式滚珠旋压机的控制系统采用高可靠的PLC控制、主轴转速数显、滑板运动速度光栅尺反馈、数显表指示等新技术。旋压直径最大可达110mm，是目前我国较大的薄壁管专用旋压机。

　　图1-6所示为应用滚珠旋压加工的薄壁圆管实物样件。随着滚珠旋压工艺的推广应用，也可以旋压加工出如图1-7与图1-10所示的异形断面薄壁管，图1-8所示为用于电真空器件的蒙耐尔合金

与无氧铜复合管壳断面图，图1-9所示为热旋难熔钼筒零件图，同时，应用滚珠旋压和拉拔、焊接等综合工艺方法还能加工出如图1-11所示的用于电子器件的翼片管壳。

图1-5 立式滚珠旋压机主机外形图

图1-6 滚珠旋薄筒形件实体图

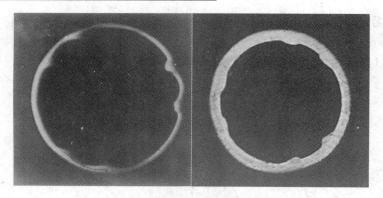

图 1-7 滚珠旋薄异形管断面实体图

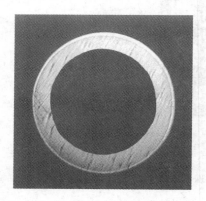

图 1-8 滚珠旋薄复合管断面实体图   图 1-9 滚珠旋薄电子器件
栅极钼筒零件

图 1-10 滚珠旋薄有内筋管形件[51]

图1-11 滚珠旋拉组合成形电子器件翼片管壳实体照片[44]

1.2 滚珠旋压工艺技术特点

滚珠旋压是强力变薄旋压的一个分支，除了具有其他旋压方法的特点之外，还具有该工艺方法的独有特点，这也就使该工艺方法在近三十年来在民用、军工等领域生产加工高精度、小直径薄壁管获得了日渐广泛的应用。滚珠旋压的技术经济特点如下。

1.2.1 管件表面粗糙度好、尺寸精度高

由于作为变形工具的滚珠具有好的表面粗糙度和尺寸精度高，变形区的变形方式又是逐点变形，弹性变形很小，保证了旋后管件外径尺寸可控制在 ±0.005mm 以内。表面粗糙度通常可达 0.2μm。良好的工艺配置，产品的表面粗糙度几乎可以与经过表面研磨的产品相媲美。管件的管壁最薄可达 0.04mm。滚珠旋压的这些特质，通常的滚轮变薄旋压是很难达到的。

1.2.2 金属管件力学性能得到提高

金属管件在变形区处于压应力状态，变形后使材质晶粒延长和组织细化，具有连续纤维结构，提高了金属的屈服强度，管件硬度也有所提高，伸长率相应下降。

图1-12 所示为不锈钢管旋薄后性能变化图。

同时，管形件旋薄前后相比较，金相组织也有明显变化，旋薄后显示了晶粒细化拉长。其金相图如图1-13 所示。

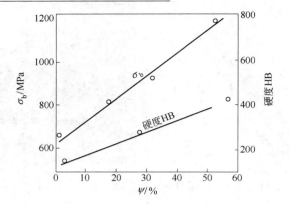

图 1 – 12　不锈钢管旋薄强度与硬度变化

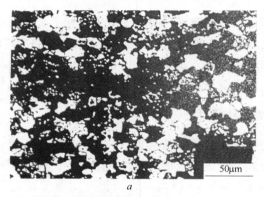

图 1 – 13　15Cr3 钢旋压前后金相组织变化

a—钢管在再结晶退火后晶粒大小均匀；b—减薄率 $\psi = 18\%$ 时的金相组织图谱

随着变形程度的增加，从图 1 – 13 中可以看到：晶粒变形拉长，而且由于在切线方向材料流动呈现出偏斜的晶粒层。随着变形程度的增加，晶粒拉长畸变更为严重，滑移带密集且方向性也越加明显。最后变为密集的条带状纤维组织。

又如电子器件行波管管壳材质多为 NCu40 – 2 – 1 和 1Cr18Ni9Ti，旧的加工方法为切削车制。而采用滚珠旋压的薄壁细长管壳强度极限分别提高了 70% 和 85%，硬度也提高了 20% 以上。管壳性能的改善使行波管抗击性能、参数稳定和使用寿命都得到了提高。

1.2.3　工艺方法简便、容易掌握

旋压过程不需要过多依赖操作人员的技术干预，技术装备简单。通常的切削机床稍加改进，就能用于滚珠旋压加工。由于变形力小，可以用吨位较小的设备加工较大尺寸产品。

1.2.4　工模具消耗低

滚珠旋压与深冲拉伸相比，由于旋压变形力小，且滚动摩擦代替滑动摩擦，滚珠旋压模具多为通用可调整尺寸范围，致使工模具消耗仅为冲压引伸模具的 1/5 ~ 1/8。

1.2.5　变形效率高

对于通用塑性好的金属及合金，单道次的断面收缩率可达 70% ~ 85%。而拉拔管材时也仅为 30% 左右。若与切削加工相比，可提高生产效率 30 ~ 50 倍。更便于小批量多品种、多规格管长与管径比大的薄壁管筒零件加工。

1.2.6　材料利用率高、产品成本低

滚珠旋压是无切削或少切削加工，通常可使加工零件内外径达到成品尺寸或者剩余机械加工余量也很小，所以管坯利用率很高。与切削机械加工相比，一般可节省材料 50% ~ 80%。管件的整体成本可降低三分之一以上。如某电真空器件行波管管壳，材料为 NiCu40 – 2 – 1。尺寸（外径×内径×长度）为 ϕ10.1mm×9.3mm×315mm。若用棒

材切削成形，管壳材料利用率不到 15%。而当今镍铜蒙耐尔合金管材每千克需近千元，可见利用滚珠旋压所带来的经济效益。

1.2.7 材质自检效果

在旋压过程中，滚珠是逐点挤压变形。因此，管坯中任何夹杂、夹层、隐性裂纹、砂眼等缺陷很容易暴露出来。旋压过程也附带起到了对管坯质量自检的作用。

1.3 滚珠旋压工艺的缺点

1.3.1 零件外形和尺寸有局限性

由于滚珠旋压只适于加工轴对称回转体壁厚薄的中小尺寸管件（通常壁厚小于 4mm），因此它的加工应用受到一定局限。不像旋轮强旋和普旋那样具有众多类型的产品。

1.3.2 易引起不均匀变形

滚珠旋压的压力直接作用在管件外表面，并沿壁厚方向由外层向内层传递。外层变形量大于内层，这种变形不均匀性引起管件外层产生轴向附加压应力，内层产生轴向附加拉应力。加工后附加应力仍然存在于材料内部，成为残余应力。长时间自然时效会导致管件形状、尺寸和性能变化。所以对有明显不均匀变形管件需作进一步的消除残余应力的低温处理。

1.3.3 工艺因素

影响产品质量的工艺因素较为复杂，在旋压设备和操作技术上比冲压引伸加工要求高。

1.3.4 成本核算

对一些简单筒形零件，批量大于 800 件以上时，冲压引伸加工更为经济合理。

2 滚珠旋压工艺原理和基本工艺参数设定

2.1 滚珠旋压工艺原理

旋压技术是一种以加工一定壁厚、轴对称、空心回转体零件的塑性成形的工艺方法。而滚珠旋压加工时利用多个滚珠代替旋轮依次并连续地对所接触的坯料极小的部分施加外力，同时沿着回转体轴线推进，促使金属毛坯产生塑性延伸变形。

按照旋压变形机理，旋压成形技术可分为普通旋压和强力旋压两类。普通旋压属于板材成形范畴，成形后主要改变了毛坯的形状，而其厚度变化不大。而强力旋压属于体积成形，是一种坯料的厚度变薄或局部增厚的成形技术。

目前通常的管形件的变薄旋压机的旋轮配置多为两个或三个旋轮的对称布置。研究资料和生产实践证明，对于管件的旋压精度，应用两旋轮高于单旋轮，采用三旋轮旋压的管件精度高于两旋轮的旋压精度。这是因为三旋轮旋压使变形更趋于均衡轴对称。旋压时沿周向分布的拉应力越大，压应力越小，尺寸精度越不易控制。在变形过程中，拉应力阻止材料轴向延伸，而压应力促使材料轴向延伸。通常单旋轮旋压时拉应力与压应力比值为 2∶1；两旋轮旋压的比值为 3∶2；而三旋轮拉应力与压应力比值为 4∶3。此时，拉压应力比两旋轮更趋于平衡[31]。

人们通过生产实践发现，用滚珠代替旋轮进行管形件的变薄旋压更具有特点。在旋压模具的凹模套中放置一圈众多的滚珠，相当于更多的旋轮参与变形过程。所以用较多滚珠代替旋轮后变形区周向分布的拉应力和压应力更趋于平衡状态。所以，我们可以认为滚珠旋压是旋轮变薄旋压管形件的一种变异和发展。其旋压变形原理图如图 2−1 所示。

其方法是将管坯 2 以滑配间隙套在芯杆 1 上，把滚珠 3 布满凹模 4 的内槽周围。在变形过程中滚珠高速环绕管件旋转，而芯杆 1 与管坯 2 则以较慢的匀速压下进给，完成管坯 2 壁厚变薄延伸。

另外的形式也可以芯杆 1 连同管坯 2 高速旋转，滚珠 3 与管坯 2 接触而被动公转。放置滚珠 3 的凹模座迎向送进（或芯杆 1 送进）完成管件的变薄旋压变形。

由于滚珠变薄旋压是宏观的逐点挤压管坯变形，其渐进性类似于摆动碾压。具有小的变形区，但变形应力高，而反旋时变形区处于三向压应力，致使其具有更好的变形状态。所以，滚珠旋薄更适合于加工薄壁类中小直径（直径为 3～150mm）管筒状零件。滚珠在环绕管件运动过程中不像旋轮强旋那样有强制旋转轴线，滚珠对被加工管表面既有公转又有自转调整运动，所以接触表面不易产生滑动摩擦现象，而是产生滚动挤压塑性变形。

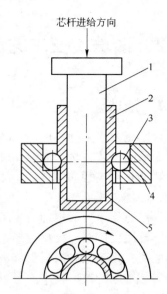

芯杆进给方向

图 2-1 滚珠旋压原理图
1—芯杆；2—管坯；3—滚珠；
4—凹模；5—旋后管件

因而，滚珠旋压变薄不但变形力小，而且旋后管件表面质量高。由于滚珠旋压所需载荷小，可以利用较小吨位的设备加工较大尺寸规格的管件。再者，由于应用较多数量的滚珠（通常多于 4 个）布满凹模，它的变形受力过程更趋于均匀，防止了旋压过程的失稳和畸变。径向的拉压分力更平衡，减少了管件扩径。保证了滚珠旋压管件比旋轮变薄旋压具有更高的精度。

滚珠旋压的加工应用范围：直径为 φ3～150mm，管坯壁厚小于 3～5mm，成品壁厚通常为 0.2～1.2mm，最薄可达 0.04mm。由于产品具有精度高、力学性能好、省时、节约原材料等优点，因而滚珠旋压在航空、航天、电子器件、仪器仪表及医疗器械等领域获得了日益广泛的应用。

2.2 旋压工艺基本参数设定[2~4,49]

影响滚珠强力旋压变形过程的各种工艺因素，称为滚珠强力旋压变形的工艺参数。它直接影响旋压变形过程，也就影响着旋压管件质量、旋压力的大小和旋压生产的效率。因此，选择合适的工艺参数是保证旋压成功的重要条件。

下面简要分析壁厚减薄率 ψ、旋压角 α、滚珠数 m_0、滚珠凹模座转速 n 和进给率 f 等参数的选择设定。

2.2.1　壁厚减薄率 ψ

减薄率 ψ 是滚珠变薄旋压过程中的重要工艺参数，因为它直接影响到旋压力大小、生产效率高低和管件精度的好坏。减薄率有总减薄率和道次减薄率两种。总减薄率的对数是各道次减薄率对数之和。在滚珠旋薄过程中，我们最为关注的是道次减薄率对变薄旋压过程的影响和选择。

由于滚珠旋薄工艺独有的特点，比旋轮强旋管形件可选择更大的道次减薄率，通常道次减薄率可以达到 40% ~ 70%。因此，可大大提高生产效率。但是，道次减薄率除受到材料可旋性和旋压设备能力的限制外，在工艺上还受到旋压管件质量及精度要求的限制。金属材料最大可旋性，即极限减薄率在很大程度上取决于金属材料固有塑性。滚珠旋薄减薄率 ψ 的表达式为：

$$\psi = \frac{\Delta t}{t_0} \times 100\% \qquad (2-1)$$

$$\Delta t = t_0 - t_f$$

式中　　Δt——壁厚绝对减薄量，mm；

t_0——管坯原始壁厚，mm；

t_f——旋压后管件壁厚，mm。

2.2.2　旋压角 α

图 2-2 为单个滚珠旋压管形件轴向变形局部简图。图中 α 定义为轴向旋压角，D_p 为滚珠直径；Δt 为壁厚绝对减薄量。

在生产实践中，减薄量 Δt 对旋压过

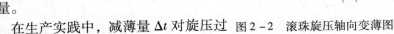

图 2-2　滚珠旋压轴向变薄图

程影响极大，旋压角 α 表现为不同滚珠直径时减薄量的特性角度，即滚珠旋压在轴向剖面，滚珠压入管坯与管坯接触区形成的中心夹角，或定义为管坯母线与通过管坯与滚珠接触点 A 切线夹角。它是滚珠旋压的重要工艺参数。图中滚珠半径 R_p、减薄量 Δt 与旋压角 α 可建立如下函数关系：

$$\cos\alpha = 1 - \frac{\Delta t}{R_p} \tag{2-2}$$

$$\alpha = \arccos\frac{R_p - \Delta t}{R_p} = \arccos\left(1 - \frac{2\Delta t}{D_p}\right) \tag{2-3}$$

滚珠直径可用下式计算，在确定了减薄量与最佳旋压角后就可以计算出滚珠直径值。

$$D_p = 2R_p = \frac{2\Delta t}{1 - \cos\alpha} \tag{2-4}$$

由式（2-2）可知，在减薄量 Δt 为定值时，滚珠直径如选择得过小，则旋压角 α 过大。滚珠直径如选择得过大，则旋压角 α 过小。而在生产实践中发现，滚珠旋薄管形件存在一合理旋压角 α 范围：$15° \sim 25°$。所以在选择减薄量 Δt 后，则根据式（2-4）可以计算出滚珠直径 D_p，按此计算值结合其他相应工艺参数可选定合理的滚珠直径。

图2-3 中的 α_r 是滚珠旋压径向变薄的旋压角，根据图中几何关系可推导出如下方程式：

$$\alpha_r = \arccos\frac{2R_p - \Delta t(d_m + t_0 + t_f) + R_p(t_0 + 2t_f)}{R_p(d_m + 2t_f + 2R_p)} \tag{2-5}$$

图2-2 和图2-3 中，γ_z 与 γ_r 分别为滚珠旋薄的轴向及径向啮合角。它们与旋压角存在如下关系：

$$\gamma_z = \alpha/2 \quad \gamma_r = \alpha_r/2 \tag{2-6}$$

式中　　d_m ——芯模直径，mm；

　　　　t_0 ——原始壁厚，mm；

　　　　t_f ——旋后壁厚，mm；

　　　　R_p ——滚珠半径，mm。

另外，对滚珠旋压运动过程的仔细分析可知，滚珠相对于管件的每一运动轨迹平面实际上并不与芯模轴线垂直，而具有一个倾角 β。可以用下式表示：

$$\beta = \arctan \frac{f}{R_p - t_f} \quad (2-7)$$

由式（2-7）可以看出，进给率 f 远远小于滚珠半径 R_p，所以在工程计算中通常视为 $\beta = 0$。

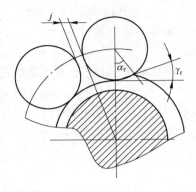

2.2.3 滚珠数 m_0 的确定

图 2-3 滚珠旋压径向变薄图

在旋薄时变薄率 ψ、管件成品外径 D_f 及滚珠直径 D_p 确定后，其滚珠数量也就基本确定了。在滚珠旋薄时最少的滚珠数量应大于等于 3。通常方法是把滚珠放入凹模套四周布满并保证留有适当间隙，保障它们在旋压过程中能自由围绕管坯公转和自转。

滚珠数量 m_0 可用下式计算：

$$m_0 = \ln t \left[\frac{\pi}{\arcsin \dfrac{J + D_p}{D_p + D_m + 2t_f}} \right] \quad (2-8)$$

式中　m_0——滚珠数目；

D_p——滚珠直径，mm；

D_m——芯模直径，mm；

t_f——管件成品壁厚，mm；

J——滚珠之间的间隙，mm（一般取 $0.05D_p$）。

根据图 2-4，滚珠数量 m_0 又可用下式计算：

$$\theta = \arcsin \frac{r_p + 0.5Z}{R_f + r_p}$$

取滚珠最小间隙 $Z_{min} = 0.005r_p$，因而

$$\theta = \arcsin \frac{1.0025r_p}{R_f + r_p}$$

式中　R_f——旋后管件的外圆半径，mm；

r_p——滚珠半径，mm。

滚珠的最多数量为：

$$m_0 = 2\pi/2\theta = \pi/\theta \qquad (2-9)$$

滚珠数量 m_0 还可用下式简易计算（取整数）：

$$m_0 = 3(D_f + D_p)/D_p \qquad (2-10)$$

式中　D_f——旋后管件外径，mm；

　　　D_p——滚珠直径，mm。

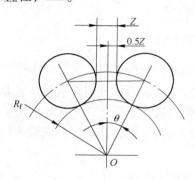

图 2-4　滚珠数量计算示意图

2.2.4　滚珠凹模座转速 n

立式滚珠旋压机的滚珠模具是由连接电机的凹模座主轴驱动，通常转速可调。在具有喷淋冷却润滑条件下，旋转速度 n 一般为 400～1200r/min。而在旋压模具有循环冷却油池条件下，旋转速度 n 一般可提高到 1500～2500r/min。在芯模压下速度不变的条件下，转速越高，进给比越小，旋压管件表面质量和精度越高。在保证进给比不变的条件下，提高凹模座转速，会大大提高生产效率。

2.2.5　进给速度或进给率 f

通常，专用立式液压滚珠旋压机油缸活塞杆移动速度 V_Z 和凹模主轴转速 n 是旋压机最主要的运动参数。而进给率 f 又是滚珠旋压的重要工艺参数之一。凹模座带动滚珠每转一圈并沿芯模母线移动的距离称为进给率（比），用 f 表示。

图 2 – 5 为单个滚珠沿轴（纵）向进给移动的示意图。图中 f 为进给率，单位为 mm/r，可用下式表示：

$$f = v_z / n \qquad\qquad (2-11)$$

式中 v_z ——芯模轴向进给速度，mm/min；

n ——凹模转速，r/min。

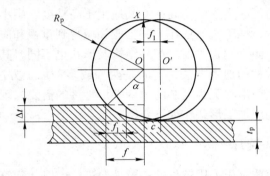

图 2 – 5 滚珠旋压轴向进给率示意图

由于旋压是 m_0 个滚珠参与变薄加工，因而单个滚珠的轴向进给率 $f' = f/m_0$。

进给率 f 数值大小对旋压过程影响很大，与管件的尺寸精度、表面粗糙度、旋压力和管坯减薄率都有密切关系。如对 $\phi 8mm \times 1mm$ 不锈钢管应用 $\phi 6mm$ 滚珠旋压，变薄率 $\psi = 65\%$ 时，而进给率 f 分别为 0.14mm/r 和 0.10mm/r，旋压管件外径会相差 0.03mm。进给率大有利于贴模，进给率小有利于表面粗糙度降低。高的进给率会提高生产效率，但会使变形力增大。在生产实践中，芯模轴向进给速度 v_z 一般选取 50 ~ 120mm/min，进给率 f 一般选取 0.05 ~ 0.25mm/r。总之，进给率的确定要和旋压设备能力、壁厚变薄率 ψ、管坯材质状态、管件精度等因素综合考虑。

3　滚珠旋压的加工形式

　　滚珠旋压是旋轮强力变薄旋压的演变和发展的特殊形式。由于它的加工工艺简便、生产效率高，尤其适用于高精度、中小直径薄壁管筒形件的加工，该工艺方法在一些工业领域得到重视和应用。但是由于坯料形式来源不同，要求的产品结构及形状也不同，其应用及加工方式派生出多种的加工方法，有时是两种或多种加工方法联合应用，以适应加工生产形状更为复杂的薄壁管形零件的需要。现将广泛应用的多种滚珠旋压加工形式作如下介绍。

3.1　短芯头旋压

　　通常，滚珠旋压采用较长的芯模轴向进给，以达到管壁变薄成形的目的（如图 2 - 1 所示）。然而随着军工、精密机械及电子行业对管形件产品提出了多样化的要求，如电真空器件行波管管壳要求合金薄壁管内壁有不同形状沟槽的异形管壳（如弧形槽、矩形槽）。而在加工表面具有异形相应形状的高精度芯模时，在长径比大于 30 时，常规的机械加工或电加工都很难达到使用要求。同时，在旋压小直径管件（直径小于 4mm），芯杆长度过长时，在旋压的过程中往往不能承受大的轴向变形力，使芯杆弯曲，甚至折断。另外在热旋压难熔金属钨钼等中小直径薄壁管坯，芯杆加热后，强度和硬度降低，更容易产生弯曲和管料与芯模之间的黏结。而且生产实践表明，热旋压的芯杆使用寿命很低，经过多次的旋压后精度降低，导致芯杆报废不能继续使用，造成模具消耗增加。

3.1.1　短芯头旋压的原理和设备装置

　　为了满足上述特殊产品的需求，应用短芯头滚珠旋压是较为理想的加工方式。其成形原理如图 3 - 1 所示。它的成形原理仍是反旋压的一种体现。同时它也是短芯头拉管工艺的进一步发展。把旋压长芯模换成短芯头 2，浮动于管坯内。结构形式上只是把拉管模换成由滚珠构成的旋转凹模。这也就是管材压力加工时，通常所称拉旋综合工艺的应用形式。

图3-1为卧式短芯头在车床上改造的应用示意图。装有滚珠的旋转凹模3夹持在车头卡盘上旋转，短芯头2通过连杆7连接，尾端固定在车床尾支座8上，并可通过调节螺母9调节连杆7长度，使短芯头2保持位于凹模3中合适位置。送料装置6固定在车床刀架上，并通过车床的自动纵向送给来完成对管坯的慢速推进。为了保证旋压过程的稳定及可靠的产品质量，要确保凹模中心、短芯头、连杆、送料装置及尾座中心保持在同一中心轴线上。

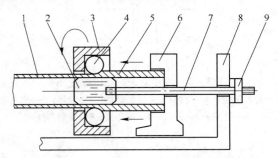

图3-1　短芯头卧式旋压原理图

1—旋压成品；2—短芯头；3—凹模；4—滚珠；5—管坯；
6—送料装置；7—连杆；8—支座；9—调节螺母

图3-2为厂家[15]早在20世纪70年代中期利用长行程冲床改装立式短芯头旋压钨钼管的试验装置示意图。

专门定型的短芯头旋压机还不多见，但随着空调器中强化散热的内螺旋槽铜管的开发应用，也是短芯头旋压的应用实例，其专用设备和工艺方法在国内外得到了广泛推广和应用。国内相关专利CN2640647提出了一种利用磁悬浮来固定短芯头的旋压装置，如图3-3所示。

该装置适用于无磁铝、铜及合金管旋压加工。旋压加工时，管材在通过滚珠旋压时给游动芯头一个作用力，同时线圈通电产生电磁力，给铁芯一个相反方向的作用力。两个相反的作用力在工作时保持平衡，从而将游动芯头相对固定在旋压模的工作区间内。当任意一个

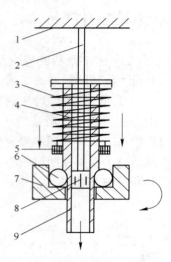

图 3 - 2　短芯头立式旋压原理图

1—拉杆固定；2—拉杆；3—进给丝杠；4—管坯；5—卡爪；
6—滚珠；7—凹模；8—短芯头；9—旋后管件

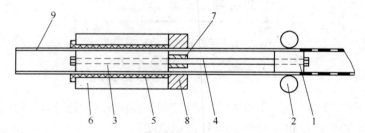

图 3 - 3　磁悬浮游动芯头的管材旋压

1—游动短芯头；2—旋压模滚珠；3—铁芯；4—连杆；5—保护套；
6—线圈；7—位置感应器；8—位置传感器；9—被加工管材

作用力受外界的影响或电网不稳而发生变化时，导致线圈流通电流变化，将造成铁芯的位移，此时位于管材内的位置感应器与管材外的位置传感器之间将随着产生位移量，则位置传感器立即发出信号以改变线圈的电流大小，保持电磁力与游动芯头摩擦力的平衡，使得铁芯位移回复到原来位置。从而保持游动短芯头始终处于旋压外模的工作范围内。

3.1.2 短芯头旋压的特点

短芯头旋压具有以下特点：

（1）由于细长直径小（小于4mm）的芯杆加工困难，旋压过程易失稳，利用短芯头可旋压小直径毛细管。

（2）把短芯头加工成异形芯模，可旋压内壁开槽的异形管件。

（3）短芯头旋压克服了芯模弯曲变形的弊端，并使耐用性大大提高。使用长芯模旋压钨钼管件，芯模仅能使用几次，而改用短芯头旋压可用上百次。若应用硬质合金制作短芯头更能长期使用。

（4）应用短芯头旋压可节约大量合金钢材，简化芯模制造工艺，降低制造成本。

（5）短芯头旋压后成品制件的脱杆工序简便易行。

（6）短芯头旋压尤为适合于难熔金属中小直径钨钼类粉末冶金制备的管坯热旋压加工。工艺方法简便，适用性强，模具制造容易，产品规格多样化等优点，是其他拉、轧、旋轮旋压等工艺方法所无法比拟的。

（7）短芯头旋压由于芯模短，旋后管件的直线度不如长芯模旋压。如能结合张力旋压则是短芯头旋压的发展方向。

3.2 张力旋压

随着工业技术的飞速发展，无论是机器制造业，还是仪器仪表、航天、电子等部门都需要中小直径（小于100mm）薄壁管，其壁厚直径比 $t_f/D_f \leqslant 10$，内外径尺寸偏差小于 ± 0.02mm 的铜合金及其他材料制成的极薄管件。上述所需管件如采用通常的正反旋的滚珠变薄旋压很难达到要求。

例如在旋压 $\phi 10$mm $\times 0.08$mm 波纹管管坯时，采用 $T_0 = 0.8$mm，滚珠直径为 $\phi 4.5$mm，单道次正旋压时，已旋出管件不能承受过大拉应力而拉断。而采用反旋压时的减薄率过大，变形区前金属剥皮过多的堆积使变形率进一步增大，也导致旋压力增大。往往使已旋出管件贴模不好，出现扩径及表面出现横向鼓包的波浪式变形，达不到使用要求。

通过旋压变形机理分析，我们确认正旋压是适合加工薄壁高精度管件的方法。因为金属流动方向和滚珠进给方向一致。此时已旋出的部分受到变形拉力的作用，而未变形部分不受到拉应力作用。而当管坯和芯模变形段之间间隙小时就易产生轴向摩擦力。要使未变形段沿芯模轴线移动就需要足够的轴向拉力。否则，当金属向前流动困难时，已旋出的管件就会逆向流动，使管件失稳，旋压过程不能正常进行。若要靠增大纵向进给率 f 来增大轴向力，产品表面质量不能保障，还可能使管件拉断而报废。

为了消除这些缺点，获得优质的极薄的管材，应用轴向张力正旋压是目前应用的有效方法。所谓张力旋压就是在变薄旋压过程中，对被旋压管坯的端部施加轴向、恒定的拉力，且使产生的拉应力低于材质的屈服极限。工程上此拉应力一般控制在 $0.5 \sim 0.6\sigma_s$。

张力拉旋应用示意图如图 3－4 所示。

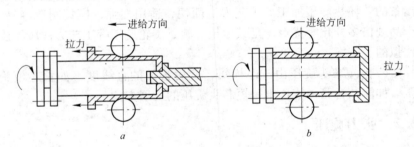

图 3－4　张力滚珠旋压
a—正旋；b—反旋

图 3－5 所示为车床改装张力旋压实验装置。卡盘 1 夹持长芯模 2 旋转，管坯 4 滑配间隙套在芯模 2 上，端部焊接有凸缘供张力框架 7 连接固定。滚珠凹模 5 装置在车床拖板座上，并调整与车床主轴同心。凹模 5 随车床拖板轴向进给。而车床尾顶改装成独立的液压送进油缸 8，活塞杆与张力框架 7 固接，在张力旋压时，芯模 2 转动，凹模 5 中滚珠 6 旋转并推进，旋出成品管件 3 贴在芯模 2 上。在旋压进行过程中油缸 8 活塞杆按预先设定的压力（$0.5 \sim 0.6\sigma_s$）以凹模 5 进给的速度同步由张力框架 7 牵引管坯凸缘产生拉应力。

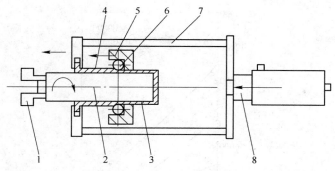

图 3 – 5 张力正旋压示意图

1—卡盘；2—芯模；3—管件；4—管坯；5—凹模；
6—滚珠；7—张力框架；8—液压油缸

早在 20 世纪七八十年代欧洲和苏联就研制出不同形式张力变薄旋压机[18]。应用旋轮可旋压出直径达 450mm、壁厚为 0.2 ~ 0.6mm、长度可达 2500mm 的高精度薄壁管件。这是因为张力旋压与其他旋压方法比有如下特点：

（1）改善旋压时金属的流动性。通常的旋压如果工艺参数选择不当，会引起变形区前金属堆积、管壁失稳、产生扩径等弊端。改善工艺参数，通常会使旋压生产效率降低。而采用张力旋压后，会使金属流动状况大为改善。这样就可以增大壁厚减薄率 ψ 及减少剥皮堆积，提高产品质量和生产效率。

（2）管件旋压后形状和尺寸精度得到提高。轴向拉应力的存在使变形区的周向拉应力得到抑制，不容易产生扩径。拉应力存在便于滚珠变形区前管件移动，促使金属堆积减少，旋后更易贴模，使管件直线度改善。

（3）能使旋压力显著降低。图 3 – 6 为旋轮张力旋压 15 号碳钢钢管时有无张力情况下轴向力 P_z 的变化曲线。由图可见，采用张力后的 P_z 比无张力的情况下有明显减小。而且其减小程度取决于轴向进给率 f、张力数值、壁厚减薄率 ψ 以及材料性能等。

总之，试验研究和生产实践表明，应用带张力旋压方法是生产一定规格的高精度和高表面质量薄壁管材的有效方法。并可与现有的传统冷拔和冷轧相媲美、相竞争。

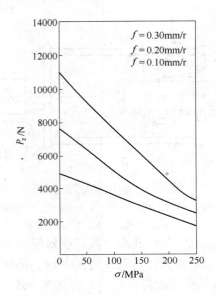

图 3-6   轴向力 P_z 与附加拉应力 σ 的关系曲线

3.3   小锥度细长管滚珠旋压

滚珠旋压除了应用在直筒管件的变薄加工外，还可以利用其变形特点，专门设计特殊的模具装置，以改变管件的外形。小锥度薄壁管的超长管件就可以应用滚珠旋压工艺达到成形目的。该类管件在诸多领域都有应用，大型的如旗杆、灯杆，小尺寸的如衡器用杆秤的分度杆和汽车操纵手柄、纺纱管等。应用该工艺方法加工锥管，与拉拔、冲压、焊接等方法相比，具有表面质量好、生产效率高、加工装置结构紧凑、设备改造工程量小、投资费用低等特点，备受人们青睐。

图 3-7 和图 3-8 为小锥度薄壁管旋压成形示意图。

图 3-7 所示为在改造的车床上进行成形。其成形原理是安置滚珠 5 的滚珠架 2 夹持在卡盘 1 上旋转，并把对称装置有三个滚珠的滚珠架 2 套进锥模 3 中，锥模 3 固接在车床刀架上，可做轴向进给移动。滚珠 5 与锥模 3 内壁及管坯 6 相接触。管坯 6 尾端由送进油缸 8 顶紧，在旋压过程中，主轴卡盘 1 旋转的同时，锥模套 3 推进，管坯 6 在油缸 8 推进下完成管坯的收缩变形。在变形过程中需要把滚珠架

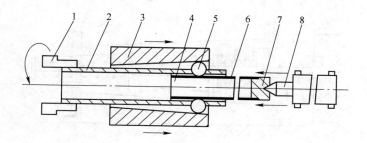

图 3 - 7 小锥度薄壁管旋压示意图 （一）

1—卡盘；2—滚珠架；3—锥模套；4—旋后管件；
5—滚珠；6—管坯；7—顶块；8—送进油缸

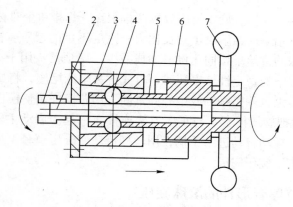

图 3 - 8 小锥度薄壁管旋压示意图 （二）

1—卡盘；2—管件；3—锥模；4—滚珠；5—滚珠架；6—锥模座；7—手轮

2 转速、锥模 3 的推进速度和油缸 8 进给速度相匹配，才能旋压出合格尺寸的小锥度超长管件。

根据资料介绍，在旋压加工铝合金小锥度秤杆时应用了图 3 - 8 和图 3 - 9 旋压变形[11,39]。图 3 - 8 中，它的特点是卡盘 1 夹持管件 2 旋转，模座 6 安装在车床刀架上，并自动走刀推进。锥模 3、滚珠架 5 安装在锥模座 6 内，滚珠架 5 通过螺纹连接，用手轮 7 慢速调节滚珠 4 的径向位置，以完成管件的收缩变形。

而图 3 - 9 所示的小锥度管旋压加工也是在改装的车床上利用滚

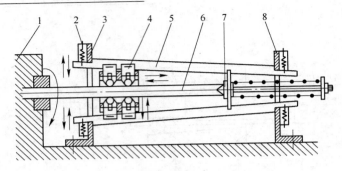

图 3 - 9   小锥度薄壁管旋压示意图（三）

1—车床体；2—锥度调节；3，8—支架体；4—旋压模套；
5—锥度模板；6—管坯；7—尾顶器

珠无芯模旋压成形。旋压模座放置两排滚珠，每排 4 个对称分布，实现径向力自相平衡，解决了细长比大、刚度不足的矛盾。锥度模板 5 使各排滚珠的进给量按同比例增加或减少。尾顶器 7 用于增强管坯 6 在旋压过程中的稳定性。安装时，首先拆去车床尾座，将旋压装置放在车床导轨上，调整好轴线中心并紧固。用芯模杆调整模板 5 及尾顶器 7，然后把旋压模套 4 与车床刀架连接在一起。启动主轴使管坯 6 高速旋转，扳动自动进给手柄，用丝杠传动使旋压模套 4 纵向进行旋压，直到床尾旋压完成。

3.4   变壁厚管形件的滚珠旋压

根据变形需要，滚珠旋压法还可以用来加工外径变化、不同壁厚的管状零件。

图 3 - 10 及图 3 - 11 所示为加工变壁厚的两种旋压成形装置原理图。

在图 3 - 10 中：在主轴 8 端头法兰上安置一个支承座 6，在支承座 6 中安装有模环 5。在壳体 9 上借助螺纹安装有另一支承座 10，其中也安置有另一模环 4。两个模环分别做成半锥角 $\alpha > 45°$ 和 $\alpha < 45°$。滚珠 3 通过保持架 7 而置于它们锥面之间。旋压管坯的壁厚变化是由油缸按预定程序推动杠杆 11，使支承座 10 连同模环 4 拧入或拧出外壳体 9 之间螺纹间距。管坯 1 套在芯模 2 上。它们按规定尺寸做轴向

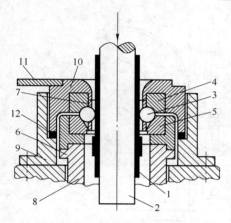

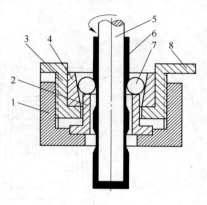

图3-10　变壁厚管形件的滚珠
旋压图（一）

1—管形件；2—芯模；3—滚珠；4，5—模环；
6，10—支承座；7—保持架；8—主轴；
9—壳体；11—杠杆；12—弹性元件

图3-11　变壁厚管形件的滚珠
旋压图（二）

1—模座；2—滚珠支承座；3—可调节模套；
4—凹模锥环；5—芯模；6—管坯；
7—滚珠；8—杠杆

进给，而主轴旋转，以及按规定程序改变滚珠径向位置，这样便可旋压出所需要变壁厚的管形件。

图3-11所示为另一种形式的变壁厚管形件的旋压模具示意图。其成形原理是：可在改装车床上利用卧式旋压完成。管坯6套在芯模5上。芯模5夹持在主轴卡盘上旋转。旋压模座1安装在车床溜板上，其中心线保持与卡盘同轴，旋压模座1做纵向进给。滚珠7置于滚珠支承座2和凹模锥环4上。利用调整可调节模套3的螺纹连接，拧入或拧出，以改变滚珠7的径向位置，从而改变管坯的壁厚。此过程依靠杠杆8的液压或机械传动完成可调节模套3旋出、旋进改变被旋压管材径向尺寸。

为了应用滚珠旋压制造出变壁厚的薄壁管件，文献［60］提出一种可采用图3-12所示的带液压仿形的旋压装置。在此装置中，整个系统由液压缸3借助于支架2固定在普通车床刀架的底板1上。在液压缸3上装有一个滑阀箱5，其活塞杆6和电磁继电器4的电枢连接。在活塞杆6的另一端，固定一探棒8，它沿仿形尺9上的模板7滑动。液压缸的活塞杆6和齿条10连接，此齿条10与螺母11啮合。

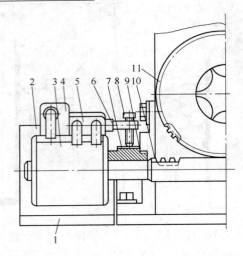

图 3 - 12　旋压变壁厚的液压仿形装置

1—底板；2—支架；3—液压缸；4—电磁继电器；5—滑阀箱；6—活塞杆；

7—模板；8—探棒；9—仿形尺；10—齿条；11—螺母

　　液压仿形装置工作顺序如下：电磁继电器 4 断电时，活塞杆 6 从滑阀箱 5 中伸出，直到与探棒 8 接触。压力油通过滑阀供入油缸 3 迫使与齿条 10 相连的油缸塞杆 6 移动，齿条 10 使螺母 11 转动，从而根据阶梯变壁厚管件规定的直径调整改变滚珠径向位置。装有旋压头的刀架沿轴线进给，移动的距离相当于阶梯件长度。

　　沿管件长度旋压完成后，电磁继电器 4 充电，探棒 8 脱离模板 7，液压缸活塞杆 6 反向移动。此时，螺母 11 反向旋转，带动旋压装置中的滚珠脱离被旋压管件，刀架和旋压装置返回原始位置。此时，电磁继电器 4 断电，活塞杆 6 和探棒 8 从滑阀箱 5 中伸出与模板 7 接触，使滚珠回到原始位置。

3.5　单道次多排滚珠旋压

　　与其他压力加工管材形式相比，滚珠旋薄管形件虽然具有大减薄率成形的特点，但对于某些特殊材质、管材异形断面形状的管件旋压需要分道次旋压。此外，对于定型批量大的管件产品，为了提高滚珠旋压的生产效率，也可采用一次成形的多排滚珠旋压。图 3 - 13 所示为双排滚珠的旋压模具。模座 1 安置在高速旋转的主轴内，芯模 5 轴向压下进给。上层为初旋的固定凹模 8，下层为可调整的旋压凹模锥环 4，以保证管件的最终成品尺寸。旋压时为了防止金属的堆积和大量的剥皮产生，要适当分配两道次的壁厚变薄率 ψ，确定进给量 f，选择合理的滚珠直径 D_p。采用多排滚珠旋压，要保障旋压时的充分冷却与润滑。图 3－14 为三排滚珠旋压管形件的模具示意图。单道次多排滚珠旋压模具结构将在第 8 章作详细介绍。

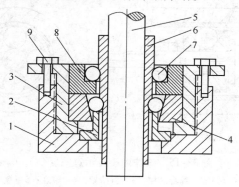

图 3－13　双层滚珠旋压模具图

1—模座；2—滚珠支承座；3—可调节模套；4—凹模锥环；
5—芯模；6—管坯；7—滚珠；8—固定凹模；9—固紧螺钉

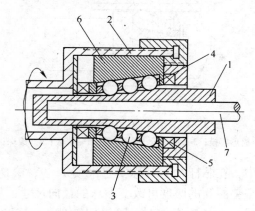

图 3－14　多排滚珠旋压模具图

1—工件；2—旋压头座；3—滚珠；4—保持架；5—轴承；6—圆锥模环；7—芯模

3.6 滚珠内旋压

通常滚珠旋压多为外旋压法。有时根据工艺需求，有的管件要求降低等径内孔的表面粗糙度，有时要求内腔加工台阶孔或要求扩孔、减薄等，都可以应用内旋压法达到成形目的。图 3 – 15 及图 3 – 16 所示为内旋压头应用实例。

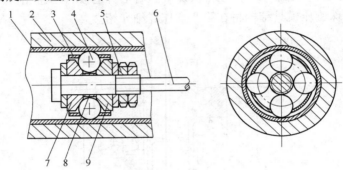

图 3 – 15　滚珠内旋压示意图（一）

1—管件；2—筒形芯模；3—保持架；4—滚珠；5—螺母；
6—芯杆；7，9—锥模；8—调整垫圈

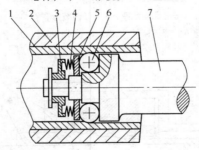

图 3 – 16　滚珠内旋压示意图（二）

1—管件；2—筒形芯模；3—止动板；4—弹簧；5—挡板；6—滚珠；7—旋压头

图 3 – 15 中，在芯杆 6 上对称安置锥模 7、9，滚珠 4 放在 V 形槽中，改变调整垫圈 8 的厚度可改变滚珠的径向尺寸，从而精确控制管件 1 的内径尺寸。加工操作时，可采用管件 1、筒形芯模 2 旋转，旋压头做进给运动。也可以旋压头既旋转又做进给运动。或旋压头旋

转，管件做进给运动等三种方式。而图 3 - 16 所示结构为固定尺寸的旋压头。

3.7 内螺纹（直纹）翅片薄壁管高速拉旋成形[45~48]

3.7.1 概述

内螺纹（或直纹）翅片薄壁管是指在薄壁管内表面开槽加工具有螺纹齿形断面的异形管材。随着空调、冰箱制冷电器的应用推广，如何提高热交换效率、降低能耗是生产厂家必须要考虑的问题。同样，在电子器件行业中高热流的密度常常因热应力不平衡和残余应力而引起电子器件芯片损毁。而铜翅片管就可以成为空调、冰箱换热器冷凝器高效节能元件及电子器件中高热流密度芯片导热的理想元件。

它的高效传热原理是管内内螺纹翅片的吸流芯特殊结构，可引起流动介质螺旋流和边界层分离流，促进湍流程度加剧。同时内螺纹翅片结构增加了内表面积，使其热传导性能比光壁管提高 20% ~30%，降低能耗 15%。因此这种高附加值产品受到人们的重视，早在 20 世纪 70 年代国外就开始将内螺纹翅片管应用到空调器上，而我国直到 80 年代末才开始应用研发工艺及设备，并在 21 世纪初获得了广泛应用。

3.7.2 内螺纹管断面结构

内螺纹（或直纹）薄壁铜管是指外表面光滑，内表面具有一定数量、一定规则的凹槽螺纹或直纹的铜管。其外形和齿形形状如图 3 - 17 所示。

根据我国行业标准，其结构尺寸参数如下：

管外径：$D_p = 6 \sim 13 \text{mm}$；

管底壁厚：$t_f = 0.25 \sim 0.35 \text{mm}$；

管齿高：$h_f = 0.15 \sim 0.25 \text{mm}$；

管槽底宽：$w = 0.1 \sim 0.2 \text{mm}$；

管齿顶角：$\alpha = 30° \sim 60°$；

螺纹螺旋角：$\beta = 7° \sim 30°$；

横截面螺纹齿数：$n = 50 \sim 70$。

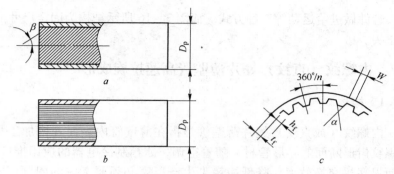

图 3 - 17　内壁开槽管齿形示意图

a—内螺纹形管；b—直螺纹形管；c—齿形图

3.7.3　内螺纹翅片管成形原理

内螺纹翅片管是高速滚珠旋压头旋压及拉拔成形的综合工艺应用体现。成形包括三个过程：第一道次为预拉定径拉拔，第二道次为滚珠高速旋压螺纹翅片，第三道次为光整定径空拉成形。其成形原理如图 3 - 18a 所示。

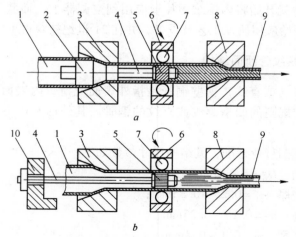

图 3 - 18　管内螺纹成形原理图

a—内螺纹形管；b—直纹槽形管

1—管坯；2—游动芯头；3—预拉拔模；4—连杆；5—螺纹（直纹）芯头；

6—超高速旋压头；7—滚珠；8—整径模；9—成品管；10—芯头支架

在拉拔过程中，在管坯 1 中插入一个轴向可以自由旋转的，外表面带有 β 倾角多头螺纹的芯头 5，它通过连杆 4 和可以绕管坯 1 轴线自由旋转的游动芯头 2 连接。初始拉拔游动芯头 2 尺寸调整使壁厚变薄量很小。主要起定径作用，并确保使螺纹芯头 5 的轴向定位作用，在连续变形过程始终保持平衡位置。

超高速旋压头 6 是内螺纹翅片管成形的关键步骤。变形原理就是滚珠短芯头旋压，只是旋压头转速和变形速度远远高于普通的短芯头旋压。滚珠 7 做高速行星运动，螺纹芯头 5 自转。塑性变形存在于滚珠 7 与管坯 1 局部接触区域，高速逐点挤压金属质点分别挤向螺纹芯头 5 沟槽和径向变薄及轴向延伸而最终成形。旋压头 6 旋转速度通常在 24000r/min 以上。旋压时由于螺纹芯头 5 始终处于浮动状态，且由于管件内表面已成齿状，与芯头 5 的啮合导致自身也旋转，其转速可达 1000r/min。因此导致变形热大量产生。所以旋压头 6 内必须强制增压冷却润滑，确保旋压过程的连续进行。

第三道次的拉拔是在旋压管内翅片成形后在管件外表面留有微小旋压痕，采用整径模 8 的空拉以光整成品管 9 最终尺寸精度。全过程的变形速度取决于拉拔速度，目前国内研制设备的拉拔速度不高于 60m/min。

图 3−18b 所示为管内直纹齿成形原理图。它与内螺纹翅片管成形的区别是，芯头 5 外表面具有直纹沟槽，它浮动于管坯 1 内轴向位置由连杆 4 和支架 10 调整固定。旋压变形过程中芯头 5 不旋转，完成拉旋全过程变形。

3.7.4 内螺纹翅片管成形装置

高效率内螺纹管成形装置的旋压头是由宽调速高频感应电机直接驱动。取消中间变速环节，其传动链长度为零。这种结构设计使超高速旋压头装置具有结构紧凑、质量轻、惯性小、响应快，以及振动和噪声小等特点。成形装置的设计要求支承部件有很高的静动刚度。各部件要求很高的加工精度以确保旋拉过程的稳定性和可靠性。图 3−19 所示为西安重型机械研究所研制的铜管内螺纹旋拉生产设备示意图。该类型拉旋机已接近国外制造水平。图 3−20 为内螺纹翅片管加工系统示意图。

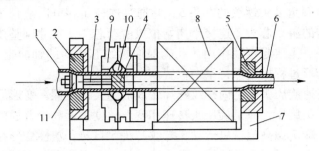

图 3 – 19　内螺纹管成形装置示意图

1—管坯；2—预拉伸模；3—组合芯棒；4—螺纹芯头；5—整径模；6—成品模；
7—拉拔机底座；8—高频空心电机；9—超高速旋压头；10—滚珠；11—游动芯头

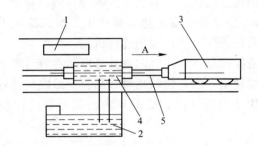

图 3 – 20　内螺纹翅片管加工系统示意图

1—控制板；2—润滑油箱；3—夹钳小车；4—旋压头；
5—内螺纹管；A—拉管方向

　　内螺纹管的加工效率取决于拉拔设备的拉拔速度。根据生产实践，通常管内螺纹成形机所需拉拔速度与滚珠公转速度比值即拉旋比符合 1:0.4 的关系，即单位时间内拉拔长度为 1mm 时，旋压头装置至少转动 0.4 转。因而要提高拉拔速度首先要提高旋压头转速。目前，国内高精密高转速滚动轴承支持的旋压头转速不超过 24000r/min，相应拉拔速度不高于 60m/min。而国外目前拉拔速度已接近 100m/min 的报道。目前国外采用陶瓷轴承、磁力轴承的高频电机功率可达 7 ~ 40kW，转速为 4 万 ~ 7 万 r/min。超高速电机的发展为更进一步提高内螺纹管生产效率提供了可靠保证。

此外，该类装置在旋压运行中除保持各部件良好的动静刚性外，还要保障高速电机、旋压头、拉拔内外模具的增压高速充液润滑冷却系统，以消除高速剧烈的变形热能。

3.8 复合管滚珠旋压[38]

3.8.1 复合管的应用

双金属复合管材由于其特殊性能和结构，在石油、化工、电力、能源等行业正得到越来越广泛的应用。双金属复合管的制造技术也是多种多样，如拉拔复合法、轧制复合法、爆炸焊接法、热挤压法、离心铸造法、旋轮旋压法及焊接法等。在众多领域，复合管用于提高管材防腐能力、抗磨能力及改善材料的韧性和强度，并且能节约大量的贵重金属，以降低制造成本。而外包覆双金属管则大量应用于装饰和结构工程。在当今随着工业领域先进技术的发展和应用，对材料某些性能的要求也越来越高。然而当某一材料不具备综合性能时，复合材料的性能就满足了综合性能的要求。

例如在电真空行波管器件研制生产中，管壳零件是器件内电子枪、栅极、慢波结构等部件的支承载体。它必须能在工作时产生高温下的强度，且器件内所产生的热量又必须能靠陶瓷棒导出散热。其结构见图3-21。

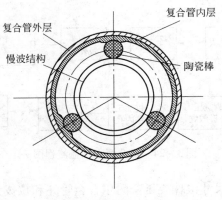

图3-21　形波管复合管壳结构分布

管壳材质有本身特定要求，按其管内传导导热性选用无氧铜，按其抗高温强度选用 NCu40 – 2 – 1 镍铜合金。因此，为满足其综合性能提出了研制两种材质的复合管壳的要求。

图 3 – 22 为旋压后复合管断面实体照片。图 3 – 23 为断面局部放大金相照片，其中外层 1 为提高强度的 NCu40 – 2 – 1 镍铜合金，内层 2 为增加导热性好的无氧铜 TU。应用双金属材料的复合管壳，在电真空器件研制生产中获得了推广应用。

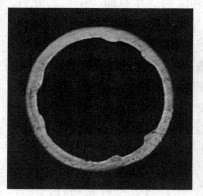
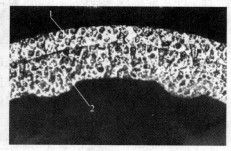

图 3 – 22　复合管断面整体图　　　　图 3 – 23　复合管断面局部放大图

应用滚珠旋压复合管的工艺步骤见图 3 – 24。

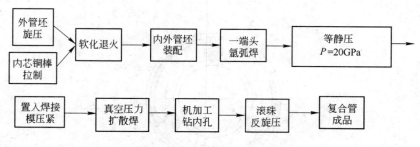

图 3 – 24　复合管壳制造流程图

首先按设计尺寸滚珠旋压蒙耐尔合金管坯和拉拔无氧铜棒进行氢炉退火后，管坯内径与无氧铜棒外径精密滑配，再对管坯制件进行一端氩弧焊接。制件结构如图 3 – 25 所示。为了消除管坯制件之间间隙，进行常温下等静压挤压，单位压力取 20GPa。

压力扩散焊后管坯制件按旋压管坯尺寸要求机加工钻中心孔后，进行滚珠反旋压，见图 3 – 26。其旋后复合管壳断面形状实体照片见图 3 – 22。

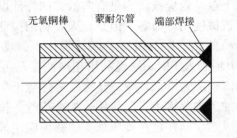

无氧铜棒　　蒙耐尔管　　端部焊接

图 3 – 25　复合管坯制件

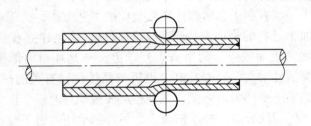

图 3 – 26　复合管滚珠反旋压

3.8.2　真空压力扩散焊

把等静压挤压后管坯制件置入压紧模一起在扩散焊接炉中进行焊接操作处理，是制造复合管的关键工序。

所谓真空压力扩散焊就是将制件在炉中使两种金属结合表面的原子相互扩散而连接一体的结果。它的条件是在真空状态下，在一定温度、压力下保持一段时间，使接触面达到焊接效果。蒙耐尔与无氧铜复合管焊接工艺参数如下：

加热室真空度：5×10^{-4}Pa

加热温度：   850℃

油缸压力：   2 ~ 4kN

扩散时间：   20min

3. 9   超声波振动滚珠旋压

在通常情况下振动效应被认为是有害的，如降低设备精度、影响设备功能、缩短机械使用寿命等。但是，人类利用振动也实现了很多特殊应用，如振动抛光、振动研磨、振动焊接、振动时效等。早在20世纪50年代奥地利人 Blaha 发现利用超声波振动可观察到拉伸时材料屈服应力和流动应力降低现象。至今，经过数十年发展，超声波振动在塑性成形加工中获得了广泛应用。如在拔丝、拉管、挤压、冲压中的应用比较成熟，同样也在旋压加工中获得应用推广[52]。

所谓超声波旋压，就是把具有超声频率的电磁振荡波变成相应频率的机械振动波并传到旋压工具（芯模和滚珠）上，施加于变形区中，以产生一些有利于金属塑性变形效应的工艺方法。关于超声波振动对塑性加工材料的表面及内部影响的理论，均是建立在所谓"体积效应"和"表面效应"两个概念基础上。一是坯料内部微粒产生振动后材料活性增大、温变升高，出现与晶体位错有关的热致软化，致使坯料的动态变形阻力降低。二是超声波振动对芯模、模具与管坯之间振动产生瞬间分离使外摩擦减少，另外振动还改善了旋压加工润滑条件。总之，应用超声波振动会降低塑性加工时的成形力，减少模具与工件间摩擦及提高产品表面质量等。

图 3 - 27 所示为带有超声振动的滚珠旋压装置。它由一个磁致伸缩换能器 1 产生的超声波机械纵向振动，利用振动变换器 2 放大并传输给一个波导集中器 3（两者通过销钉 4 连接）。这样，经过加强了的超声振动波直接地传导到变形工具滚珠 6 上，当旋压开始时，芯模9 带着管坯 10 旋转并压下，而滚珠通过起着滚道作用的两个带锥面的模环 5、8 将其压入管坯壁部。这样就形成了振动传导通路。此时，超声波系统中激发着的纵向波（如图 3 - 27 中的波位移图 11）使变形区处于纵向超声波振动的波腹中。

旋压时，滚珠沿着被加工管坯做纵向振动，产生了静应力和动应

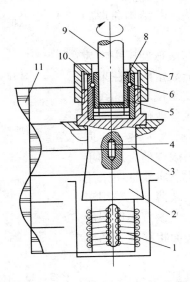

图 3-27 超声波滚珠旋压示意图

1—磁致伸缩换能器；2—机械振动变换器；3—波导集中器；4—销钉；5，8—锥面模环；
6—滚珠；7—螺母；9—芯模；10—管坯；11—波位移图

力，并减小了摩擦力。其结果使变形抗力显著减小。图 3-28 为有无超声波振动情况下旋压力的比较。试验结果表明，当加上超声波旋压时，使旋压的轴向力 P_z 和切向力 P_t 大大降低。例如在超声波发生器输出电压为 400V 时，旋压铝和钢管，P_z 可降低 55% ~78%，P_t 可降低 30% ~55%。而且，在其他条件相同情况下，也可大大增加每道次壁厚减薄率。

3.10　用滚柱代替滚珠的旋压方法

　　虽然滚珠旋压具有总力能参数小的特点，但因其变形区接触面积很小，每个滚珠接触面上有时承受高于 3GPa 单位压力，同时又在极高速下运转，所以在工作中滚珠极易烧坏或磨损，即存在滚珠使用寿命甚短的严重缺点。因此在旋压过程中变形区必须保持充分冷却与润滑。

　　在 20 世纪 80 年代后，人们根据滚珠的旋压原理，发展成用滚柱替代滚珠的旋压方法。其结构原理如图 3-29 所示。

在结构原理上与滚珠旋压头颇为相似。它同样用若干数量的滚柱来代替滚珠。而且它与支承模环 7 的线接触代替滚珠的点接触。致使接触面积增大，单位面积负荷大大减小。同时，该结构可以限制滚柱前金属的堆积，并降低变形阻力。实践证明采用滚柱法旋压，其道次减薄率比采用滚珠旋压时大大提高。但该方法旋压后管件的表面精度和表面粗糙度不如滚珠旋压好。

该装置结构构成是：

（1）在壳体 9 内装有两个支承模环 7，借助于调整螺栓 3 和螺母压缩弹簧 6 连接，使两个支承模环 7 产生预拉张力。

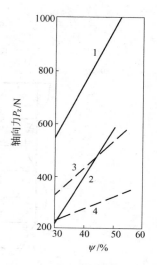

图 3-28 有无超声波时旋压力
1，3—未加超声波时轴向力 P_z；
2，4—加上超声波时轴向力 P_z

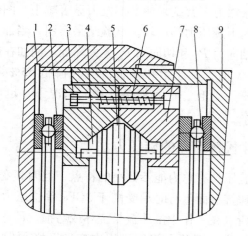

图 3-29 滚柱旋压装置示意图[60]

1—细纹螺母；2，8—止推轴承；3—调整螺栓；4—轴；

5—滚柱；6—弹簧；7—支承模环；9—壳体

（2）支承模环 7 由两个止推轴承 2、8 轴向定位。

（3）工作时用细纹螺母 1 调整支承模环 7 的位置，在被旋压管件的作用下，滚柱移动，并与支承模环 7 的工作面接触。此时轴 4 沿支承模环 7 端面上的环形槽移动。

（4）旋压完成后，反向移动细纹螺母 1 就可松开弹簧 6，从而增大了支承模环 7 的轴向间隙，使管件表面脱离滚柱 5。旋压装置返回初始位置。

4 滚珠旋压的运动速度

4.1 滚珠旋压时滚珠运动速度矢量图

滚珠旋压时,在滚珠与管坯未接触以前,滚珠模套由旋压机主轴驱动旋转。旋转模套中四周放置的滚珠都围绕工件(芯模)做公转运动,其上每点都具有相同的公转角速度 ω。旋转结构及速度分别如图 4-1 和图 4-2 所示。由图 4-2 可求出公转角速度 ω,即:

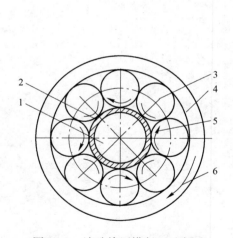

图 4-1 滚珠旋压横断面示意图
1—芯模;2—管件;3—滚珠;4—模套;
5—滚珠旋转方向;6—模套旋转方向

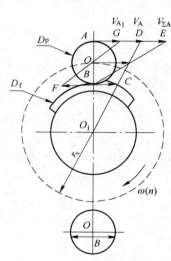

图 4-2 滚珠旋压的速度矢量图

$$\omega = \frac{2\pi n}{60} \qquad (4-1)$$

根据图 4-2,各参数含义如下:

n——滚珠模套转速,r/min;

ω——角速度;

r_x——距芯模中心为 x 的回转半径，mm；

D_f——旋压后管材外径，mm；

D_p——滚珠直径，mm。

滚珠上各点的公转速度 V_x 为：

$$V_x = \omega r_x \tag{4-2}$$

滚珠 AB 线上各点的公转速度分布规律如图 4-2 中速度梯形 $ABCD$ 所示。

A 点和 B 点速度分别为：

$$V_A = \omega o_1 A = \pi(D_0 + 2D_p)n/60 \tag{4-3}$$

$$V_B = \omega o_1 B = \pi D_0 n/60 \tag{4-4}$$

式中 D_0，D_p——分别为管坯和滚珠的外径，mm。

假定旋压时滚珠与管件、管件与芯模无周向相对滑动，滚珠与管材接触时便产生自转。因此接触点 B 便成为滚珠实际转动的瞬时速度中心。所以滚珠的实际运动速度应当是公转速度和自转速度的叠加。位于滚珠 AB 线上各点的实际运动速度 $V_{\Sigma X}$ 和自转速度在管材横截面上投影的分布规律分别以速度 $\triangle ABE$ 和 $\triangle BOF$ 表示。

而滚珠 B 点自转速度 V_B 为：

$$V_B = \pi D_p n_z/60 \tag{4-5}$$

式中 n_z——滚珠自转转速，r/min。

接触点 B 为瞬时速度中心的条件为：

$$V_B = V_{B_1} = V_{A_1} \tag{4-6}$$

由此公式可推导出：

$$n_z = nD_f/D_p \tag{4-7}$$

这样，在垂直于管材轴线的平面上 A 点的合成速度为：

$$V_{\Sigma A} = V_A + V_{A_1} = 2\pi n(D_f + D_p)/60 \tag{4-8}$$

4.2 滚珠旋压变形区金属质点流动速度

在筒形件（管形件）应用滚珠旋薄时，运动方式通常是放置有滚珠的凹模环绕管坯（芯模）高速度旋转。而管坯连同芯模一起做慢速轴向进给，金属在旋转滚珠与芯模之间形成的间隙中产生壁厚压缩变形，管件产生轴向延伸。

　　此时，金属在变形区内的流动速度可分解为轴向（纵向）速度分量 V_z、径向（向心）速度分量 V_r 和周向（切向）速度分量 V_t。

　　图 4-3 为变形区内质点流动速度示意图。

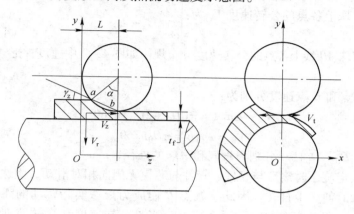

图 4-3　变形区内金属运动速度图

4.2.1　轴向（纵向）速度分量 V_z

　　变形区内金属质点相对滚珠做沿芯模轴线方向流动。

　　其速度（V_z）公式是：

$$V_z = V_f \lambda_z \tag{4-9}$$

式中　V_f——金属在变形区的入口截面上的轴向进给速度；

　　　　λ_z——在所研究的截面上的延伸系数。

4.2.2　径向（向心）速度分量 V_r

　　旋压时金属质点沿着径向运动的速度分量 V_r，是随着金属质点沿管坯壁厚方向位置而变化的。管坯外表面 V_r 值最大，到管坯内表面 V_r 值为零。而我们所关注的是研究通过滚珠和芯模中心线的截面内的径向速度值。

　　在管坯外表面上质点的径向速度分量：

$$v_\gamma^H = \frac{t_0 - t_f}{T_1} \tag{4-10}$$

式中 T_1——金属在变形区长度 L 中的持续时间；

t_f——旋后成品壁厚。

因为 $$v_z^M = \frac{L}{T_1}$$

所以 $$T_1 = \frac{L}{v_z^M}$$

又因 $$\tan\alpha_p = (t_0 - t_f)/L$$

所以径向速度分量

$$v_\gamma^H = \frac{t_0 - t_f}{T_1} = \frac{t_0 - t_f}{l}v_Z^M = v_z^M \times \tan\alpha_p \qquad (4-11)$$

式中，α_p 是在 $XO'Z$ 平面内金属质点合成速度矢量对芯模表面 Z 轴的倾角。由于滚珠在一道次中接触面很小，所以用直线 ab 近似代替弧线。在管坯外表面 α_p 是最大接触角值，而在内表面 α_p 值为零。因为 $\alpha_p = \alpha/2$（旋压角一半），通常旋压角 α 小于 $20° \sim 25°$。通过上述公式可以看出管坯外层质点径向速度 V_r 仅仅为轴向速度 V_z 的 $1/5$。

4.2.3 切向（周向）速度分量 V_t

V_t 是变形区金属沿着管件圆周方向的运动速度，见图 4-4。为了计算方便，做如下假定：把管坯和芯模看成一个整体。另外，管坯沿着壁厚压缩的全部金属都朝着轴向流动。

$$V_t = \frac{Ln}{60}\cos\theta_0 \qquad (4-12)$$

$$L = 2\pi R_i$$

式中 R_i——金属质点到芯模轴线的回转半径；

θ_0——变形区中所要确定质点的圆心角；

n——管坯的转速或滚珠凹模的转速。

切向速度分量的特点是，沿着滚珠接触弧上的两端金属质点切向速度 V_{t_1} 和 V_{t_2} 一定是 $V_{t_1} > V_{t_2}$。

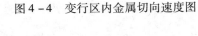

图 4-4 变行区内金属切向速度图

4.3　变形区金属宏观相对进给速度

如图 4-5 所示，当单个滚珠绕管坯一周后，滚珠将使壁厚 t_0 减到 t_f。壁厚绝对减薄量 $\Delta t = t_0 - t_f$。

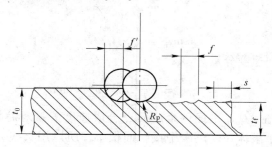

图 4-5　单滚珠变形轴向进给示意图

滚珠轴向进给率为 f，则滚珠在这一周旋转中，管坯减薄的纵向截面面积近似为矩形面积 $F = f'\Delta t$

根据变形前后材料体积不变规律，所以单个滚珠绕管坯一周，管件长度增长了 ΔL。则

$$\Delta L = \frac{f'\Delta t}{t_f} \tag{4-13}$$

在正旋时，滚珠相对管坯的实际进给量 f' 等于滚珠对芯模的绝对进给量 f 减去零件的增长 ΔL，即

$$f' = f - \Delta L \tag{4-14}$$

式中　f——滚珠相对芯模的轴向进给量除以滚珠公转转速，即所谓的进给量。

通过式（4-13）可导出正旋时：

$$f' = f\frac{t_f}{t_0} = f(1 - \varphi_i) \tag{4-15}$$

式中　φ_i——旋压变形断面收缩率。

而反旋时：
$$f' = f \tag{4-16}$$

所以，滚珠相对已旋出后管件的进给率在正旋压时为 f 值，而反旋压时的进给率为 $\dfrac{1}{1-\varphi_i}f$。这也就证明了，在已确定进给率值后反旋压比正旋压的效率高。在图 4-5 中 S 表示旋压过程滚珠在管件外表面产生的螺旋痕。

在正旋压时，进给螺旋痕 S 显然等于滚珠每转进给量 f，即：

$$S = f$$

而在反旋压时，进给螺旋线的间距等于相对进给量加上滚珠每转管件的增量，即：

$$S = f' + \Delta L = f' \frac{1}{1 - \varphi_i}$$

在滚珠旋压的实际过程中，旋转凹模四周均布 m_0 个相同规格的滚珠。此时管件总进给量等于一个滚珠进给量 f 的 m_0 倍，即一个滚珠挤压管坯到下一个滚珠挤压管坯时的轴向进给量 $f_i = f/m_0$。

由于每个滚珠承担相同的压下进给量，m_0 个滚珠就应有 m_0 条螺旋线痕迹。那么，线痕之间的间距 S_i 是相等的。

在正旋时： $\qquad S_i = f_i = f/m_0$

在反旋时： $\qquad S_i = \dfrac{f_i}{m_0} \times \dfrac{1}{1 - \varphi_i}$

如果滚珠旋压主轴带动凹模的转速 $n = 600 \text{r/min}$，而芯模连同管坯推进速度为 $V = 20 \text{mm/min}$，则：$f = V/n = 0.033 \text{mm/r}$。

所以，无论正旋压还是反旋压管材的螺旋痕 S_i 都不会超过 0.01mm。这也就说明了滚珠旋压薄壁管材具有高精度和良好的表面粗糙度等加工特点。

5 滚珠变薄旋压力的分析与计算

5.1 滚珠旋压力的计算

5.1.1 滚珠旋压变形力的特征

滚珠旋压可看成滚珠体作为工具对金属管坯实行挤压的成形过程，在接触变形区内滚珠与管坯始终处于滚动摩擦状态并对变形区接触点施以变形力。

在金属旋压工艺过程中，变形力是旋压过程中的重要参数。它与旋压设备所能承受的负荷、工艺装备的工作条件、旋压加工所能达到的精度，以及加工生产的效率都有着密切的关系。因此，掌握旋压力等力能参数的计算和确定方法，对于提高生产率、减少能量消耗、促进科技进步和完善工装和设备都具有重要意义。

金属及合金的塑性是物体存在的一种状态。它不仅仅决定于物体内部的性质，并且也决定于变形外部条件。诸如变形方式决定的应力状态、变形程度及被加工金属的温度等，都对金属的塑性产生不容忽视的影响。

根据金属变形理论的论述：在主应力图解中，当拉应力所起作用越小，而压应力的作用越大时，金属在变形时会表现出的塑性就越高。反之，当拉应力起的作用越大，而压应力所起作用越小时，金属就呈现较低的塑性状态。

滚珠反旋压加工方式为三向压应力状态，滚珠正旋压加工方式为两向压应力状态，一向拉应力，其变形结果是管坯的壁厚压缩是主要变形，并使旋压的管形件长度增长。同时，旋压过程中，伴随着其外径减小。滚珠旋压主应力应变图如图 5－1 所示。

因此，滚珠旋压管形件的变形方式，金属材料的塑性高于拉拔、冲压加工，而与轧制情况相似。所以，滚珠旋压变形能获得较大的变形程度。它属于高度局部集中变形特征。滚珠与管坯的接触变形区的

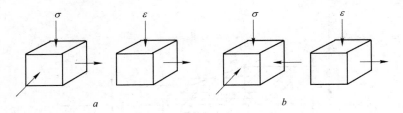

图 5-1 滚珠旋压主应力应变图

a—正旋；b—反旋

接触面积甚小。因此，所需变形力能参数与通常压力加工方法相比要小得多。这也就实现了小吨位旋压设备。能加工较大尺寸规格的管材，并能允许实现较大的道次变形程度，即大的减薄率。

5.1.2 变形区的应力分析[49]

滚珠旋压时金属材料的塑性变形是在滚珠挤压管坯，在滚动摩擦下实现的。在充分润滑条件下，管坯与滚珠之间的摩擦系数不超过0.03，远小于一般的冲压凹模的摩擦系数（0.1~0.14）。避免了一般冲压刃带部分与零件壁的较大摩擦系数，因而滚珠旋薄变形时管坯承受较小的轴向拉应力。

在旋薄中小直径管件时，通常管坯内表面与芯模间有很小的间隙（0.02~0.05mm），切线方向变形可忽略不计，可视为平面变形状态。

可从变形区内取出一段管坯，此段管坯既与芯模表面接触，又与旋压滚珠球面接触。严格地说，变形区的轴向截面是半径为 R_p 的圆弧，但是因为 $\Delta t \ll D_p$，因此，把变形区可以看作锥角等于轴向旋压啮合角 γ 的圆锥面。

旋薄时的变形区应力图如图 5-2 所示。

由于把滚珠旋压定义为平面变形状态，平均主应力（作用在切线方向的 σ_t）等于临界主应力的一半。作用在管坯壁厚方向上的压应力 σ_x（或 σ_r）为法线最大主应力。从旋压时管坯变形区受力分布可以看出，在变形区内主应力值是变量，轴向应力 σ_z 最小值在变形

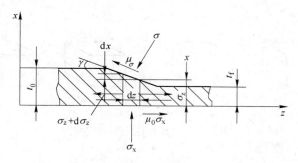

图 5 – 2　旋压变形区的应力

区的入口部分，并随着接近变形区的出口部分而增大。径向应力 σ_x（或 σ_r）最大值在变形区的入口部分，随着接近变形区出口部分按照塑性方程式减小。

为简化变形区主应力近似分布的计算问题，特作如下几点假定：

（1）认为变形区的边界线（截面）垂直于芯模轴线并通过与旋压模锥面接触点，管坯发生平面变形状态；

（2）引起作用在垂直于芯模轴线平面内切应力相互平衡；

（3）研究所取基元体方程时，认为作用在垂直于芯模轴线平面内的应力 σ_z 沿 x 轴不变，因为滚珠旋薄用于薄壁管，即允许取平均应力值。

基于上述假定，所取基元体平衡方程式在 x 轴（径向）的投影是：

$$\sigma \frac{\mathrm{d}x}{\sin\alpha}\cos\alpha - \mu\sigma\frac{\mathrm{d}x}{\sin\alpha}\sin\alpha - \sigma_x \mathrm{d}z = 0$$

$$\sigma = \frac{\sigma_x}{1-\mu\tan\alpha}$$

所取基元体平衡方程式在 z 轴（轴向）的投影为：

$$-(\sigma_z + \mathrm{d}\sigma_z)(x + \mathrm{d}x) + \sigma_z x - \frac{\sigma_x}{1-\mu\tan\alpha}\sin\alpha\frac{\mathrm{d}x}{\sin\alpha}$$

$$-\mu\frac{\sigma_x}{1-\mu\tan\alpha}\cos\alpha\frac{\mathrm{d}x}{\sin\alpha} + \mu_0\sigma_x\frac{\mathrm{d}x}{\tan\alpha} = 0$$

利用塑性近似能量方程式 $\sigma_z - \sigma_x = \beta\sigma_s$，将此等式变成带有可分离变量的常微分方程式：

$$-\frac{d\sigma_z}{\sigma_z(1-A)+A\beta\sigma_s}=\frac{dx}{x}$$

$$A=\frac{1}{1-\mu\tan\alpha}+\frac{\mu\cot\alpha}{1-\mu\tan\alpha}-\frac{\mu_0}{\tan\alpha}$$

式中 μ_0——管坯与芯模间的摩擦系数；

μ——管坯与旋压凹模（滚珠）间的摩擦系数。

上式积分，代入积分边界条件：$x=t_0$，$\sigma_z=0$，得：

$$\sigma_{zmax}=\beta B_{max}\sigma_x \tag{5-1}$$

$$B_{max}=\frac{A}{A-1}\Big[1-\Big(\frac{t}{t_0}\Big)^{A-1}\Big]$$

$$\beta=1.1\sim1.115$$

为了计算更精确，必须考虑变形过程中金属硬化的影响。近似地考虑可以用屈服极限的平均值（算术平均值）代替屈服极限。而前者则按照变形真实应力曲线确定。

在解方程式（5-1）时假定，尽管在接触面上存在摩擦力而引起切应力，但还是垂直于接触面的应力是主要的。按此假定在冲压减薄拉伸时，如果摩擦系数不大于 0.2，则计算误差不超过 3%。而对于滚珠旋压，属于压、拉应力状态图，而摩擦系数不超过 0.1，当然可以采用类似的假定。

因为作用在变形区内的应力随着旋压角 α 和金属流动厚度 x 的变化而变化，因此在计算旋压轴向和径向分力时，可以取应力的平均值：

旋压切向应力平均值　$\sigma_{t平均}=\beta\sigma_s(B_{平均}-1/2)$

旋压轴向应力平均值　$\sigma_{z平均}=\beta\sigma_s B_{平均}$ （5-2）

旋压径向应力平均值　$\sigma_{x平均}=\beta\sigma_s(B_{平均}-1)$

$$B_{平均}=\frac{B_{max}}{2}$$

5.1.3　旋压力分解与计算假定

在金属旋压过程中，存在着错综复杂的弹塑性变形现象，也存在大量不同的影响因素。不仅要从定性的方面，而且要从定量的方面来研究影响变形抗力的诸多因素，从而寻求精确确定变形抗力的规律及其理论计算公式或方法。以正确地选择设备、工具，提高生产率和制定合理工艺规程。欲应用弹塑性变形理论精准地描述该过程，是十分复杂也是十分困难的。因此，在工程中为了简化旋压力的计算，提出一些基本假定。利用适当的力学原理，进行必要的数学计算。工程中这些基本假定大致如下：

（1）变形管材性能均匀并且各向同性。

（2）变形前后管材不发生体积变化。

（3）滚珠与管坯之间的摩擦系数取值为 $\mu = 0.03$，有时可忽略不计。

（4）旋压过程中设备和模具认为是绝对刚性。

（5）管材旋压过程中，周向变形忽略不计，即认为变形区被视为平面变形。

确定变形物体的塑变，必须具备力学条件。在滚珠旋压时，由于旋压变形中通常是三向应力状态，而作用在滚珠上的变形合力 p 无固定方向，因而，把合力 p 分解为三个互相垂直分力，如图 5-3 所示。在三维坐标系中，在 r、z、t（径向、轴向、切向）三个坐标方向 p_r、p_z、p_t 旋压分力的总和就是所需施加的作用力。

三个旋压分力与合力的关系是：

$$p = \sqrt{p_r^2 + p_z^2 + p_t^2} \tag{5-3}$$

式中　p_r——径向分力，其作用方向是垂直于管件的旋转轴线；

　　　p_z——轴向分力，其作用方向是平行于芯模的轴线；

　　　p_t——切向分力，其方向是与管件圆周相切。

5.1.4　滚珠旋压变形区的接触面积

滚珠旋压变形是滚珠相对被旋压管材局部加载，给予管坯壁厚压下一定深度，并沿着螺旋线做滚动摩擦变形实现其壁厚压缩、轴向延伸塑性变形过程。滚珠与管坯接触变形区每一瞬时都在发生变化。

滚珠与管坯之间接触面积的大小，与滚珠直径、管坯的几何尺寸、材料性能、壁厚减薄量、进给率以及变形力等诸多因素有关。滚

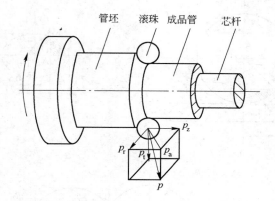

图 5 - 3　滚珠旋压三向受力图解

珠与管坯的接触面的轮廓线是由几条二阶曲线围绕而成。为了便于工程计算，可用直线代替上述二阶曲线。通过实践测量与理论计算误差通常不大于 10%。

作用在一个滚珠与管坯接触于变形区的旋压力 p 分解为三个分力：轴向力 p_z，径向力 p_r 和切向力 p_t。为了计算旋压分力的大小，必须先知道滚珠与管坯接触面积大小，通常滚珠旋压的绝对减薄量较小，因而每个滚珠在管坯上的动态曲面压痕也较小。因此可将接触面在垂直于相应分力平面的投影当作实际接触面积计算。图 5 - 4 为滚珠与管坯接触面积的投影图。

5.1.4.1　垂直切向力 p_t 的作用面积 F_t

垂直切向力 p_t 的投影面积 F_t（$b_1 b_2 a_1$）如图 5 - 5 所示。

O 圆中 ϕ 角的半弓形面积为：$a_1 b_1 b_3 = F_t + F_{t_1}$

O' 圆中 ϕ' 角的半弓形面积为：$a_2 b_2 b_4 = F_{t_2} + F_{t_1}$

因为 ϕ 角等于 ϕ' 角，所以阴影面积 $a_1 b_1 b_3 = a_2 b_2 b_4$，也就有 $F_t + F_{t_1} = F_{t_2} + F_{t_1}$，即 $F_t = F_{t_2}$，由于滚珠旋压的进给率 f 很小，因而 F_{t_2} 的面积近似矩形。所以有

$$F_t = F_{t_2} = \Delta t f$$

式中　Δt——绝对减薄量；

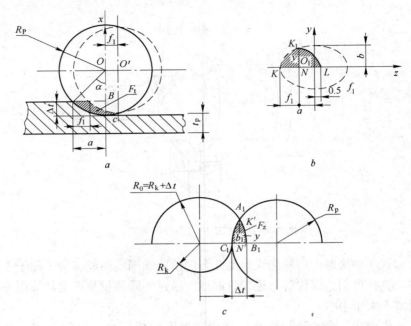

图 5-4 滚珠旋压接触面的三向垂直投影面积

a—垂直于切向力投影面积 F_t；b—垂直于径向力投影面积 F_r；

c—垂直于轴向力投影面积 F_z

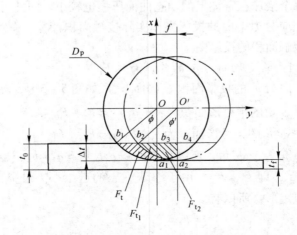

图 5-5 投影面积 F_t 解析图

f——进给率。

计算垂直切向力 p 作用面积公式为：

$$F_t = \Delta t f \qquad (5-4)$$

5.1.4.2 垂直于径向力 p_r 的作用面积 F_r

变形区接触面在垂直于径向力平面上的投影面积 F_r 如图 $5-4b$ 所示。面积呈 KK_1L 阴影形状。用抛物线弧近似代替椭圆弧，两个抛物线弓形 KK_1N 和 K_1LN 构成垂直于径向力 p_r 的面积阿基米德穷尽法计算：

$$F_r = \frac{4}{3}\Delta KK_1L = \frac{2}{3}KLy$$

由于 $\qquad KL = a + f/2$，$y = \dfrac{b}{a}\sqrt{f(2a-f)}$，故

$$F_r = \frac{1}{3}b/a(2a+f)\sqrt{f(2a-f)} \qquad (5-5)$$

式中 $\quad a \approx \sqrt{2R_P\Delta t}$；

$\qquad b \approx \sqrt{\dfrac{2R_P R_K}{R_P + R_K}\Delta t}$；

$\qquad R_P$——滚珠半径；

$\qquad R$——管件外圆半径；

$\qquad f$——轴向进给比。

5.1.4.3 垂直于管坯轴线平面上投影面积 F_z

投影面积 F_z 用图 $5-4c$ 近似计算，作为垂直于管坯轴线平面上的投影面积。

根据图中阴影有：

$$F_z = F_1(C_1N'A_1) + F_2(N'A_1B_1)$$

$$F_1 = \pi y C_1 N' （椭圆的四分之一）$$

$$C_1N' = \Delta t - R_0 + \sqrt{R_0^2 - y^2}$$

F_2 半弓形面积由分圆面积减去三角形面积求得。

其中弦长 $\qquad L = \sqrt[2]{N'B_1(D_0 - N'B_1)}$

式中 $\quad N'B_1 = R_0 - \sqrt{R_0^2 - y^2}$；

$\qquad D_0, R_0$——分别为管坯外圆直径与半径。

半弓形面积为:

$$F_2 = \frac{1}{8} D_0 L - \frac{1}{4} (D_0 - 2N'B_1) \sqrt{N'B_1(D_0 - N'B_1)}$$

所以,垂直于管坯轴线平面上投影面积 F_z 为:

$$F_z = \frac{1}{4} \pi y \cdot C_1 N' + \frac{1}{8} D_0 L - \frac{1}{4} (D_0 - 2N'B_1) \sqrt{N'B_1(D_0 - N'B_1)}$$

$$(5-6)$$

5.1.5　滚珠旋压三向分力计算

依据前述变形区应力分析,为了工程计算简便,变形区应力按平均应力确定。结合上述变形区投影面积计算式(5-4)、式(5-5)及式(5-6)列出三向分力的计算公式如下:

滚珠旋压切向分力:　　　$p_t = KF_t \sigma_m$　　　　　$(5-7)$

滚珠旋压径向分力:　　　$p_r = KF_r \sigma_m$　　　　　$(5-8)$

滚珠旋压轴向分力:　　　$p_z = KF_z \sigma_m$　　　　　$(5-9)$

式中　　σ_m——管材变形前后变形应力算术平均值;

　　　　K——正旋压应力系数,K 值是加工率和旋压角函数,通常 $K = 1.5 \sim 5.5$,加工率越大,滚珠直径越大,K 值相应取大值。

中等加工率:$\psi = 40\% \sim 60\%$,可近似取 $3.5 \sim 4.5$

反旋压时,K 值为正旋压 K 值的 $1.2 \sim 1.3$ 倍。

如果采用 m_0 个滚珠,则轴向旋压总分力 P_0 为:

$$P_0 = P_z m_0 = m_0 K F_z \sigma_m \qquad (5-10)$$

5.2　旋压力的其他计算方法

近几十年来,滚珠旋薄成形小直径薄壁管件因其设备投资费用少、产品精度高而逐渐在工业领域得到应用和推广。但是,过去其工艺参数的选取都是根据实验或经验确定,缺乏完整的理论分析,故其应用推广受到一定限制。近年来,有关滚珠旋压力的研究逐渐引起国内外学者重视,如国外学者 M. I. ROTARESCU 和国内专家康达昌教授等发表了诸多文献。在此,为了进一步加深对滚珠旋压力的理性分析而作如下推荐介绍。

5.2.1 M. I. ROTARESCU 滚珠旋压力计算法[3]

5.2.1.1 变形区接触面积

作者对旋压力的计算方法同样是通过旋压变形区空间几何的投影面积计算及变形平均应力的确定而进行的推导。为了推导计算,这里给出了滚珠旋压模具结构示意图(见图5-6)。图中结构参数如下:

d_w——芯模直径;

S_{w0}——管件原始壁厚;

S_{w1}——管件成品壁厚;

ΔS——减壁量;

ρ——滚珠半径;

α_x, α_y——滚珠轴向及径向成形角;

γ_x, γ_y——轴向及径向啮合角;

α_1, α_2——可调整模环锥角;

V_y——滚珠模环轴向进给速度;

n_y——芯模连同管件的旋转速度;

d_R——滚珠与模环接触外径;

j——滚珠在模环中的间隙。

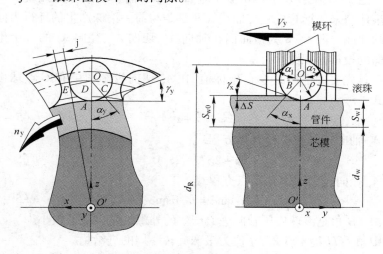

图 5-6 滚珠旋压模具示意图

接触变形区的立体示意图如图 5-7 所示。

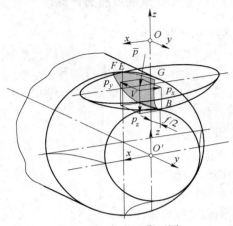

图 5-7　变形区曲面图

整体上它是由三条曲线构成的部分曲面,第一条是滚珠与未成形管坯相接触所形成的相贯线;第二条是滚珠与前一滚珠经过的轨迹相交而成的曲线;第三条则是滚珠圆的一部分,它从相贯线的起点直到第二条曲线的终点,并与管坯的轴心共面。

图 5-7 中:FB 是条相交于垂直 xOy 平面上的滚珠圆弧线,FG 是条滚珠与未成形管件相交曲线,GB 是条与前一滚珠产生的环行表面相交的曲线。图 5-8 为该曲面在轴向 A_y、切向 A_x、径向 A_z 的三个坐标方向的投影面积图。

首先要确定球面 G 点坐标值,在 A_y 切向投影图中有 G 点球面方程式:

$$x_1^2 + y_1^2 + z_1^2 = \rho^2 \qquad (5-11)$$

在 A_x 轴向投影图中有 G 点方程式:

$$4x_1^2 + (d_w + 2\rho + 2S_{w1} - 2z_1)^2 = (d_w + 2S_{w0})^2 \qquad (5-12)$$

在 A_z 径向投影图中有 G 点方程式:

$$-x_1\tan\beta = f - \rho\sin\alpha_x + y_1 \qquad (5-13)$$

式中,β 角是滚珠旋压轴向进给产生的外螺旋角,此值很小。

图中角 $G''IJ$ 等于 β 角,f 值为滚珠旋转一周的进给量。

解析上述三个方程式可解出 G 点的 x_1,y_1,z_1 坐标值,根据该

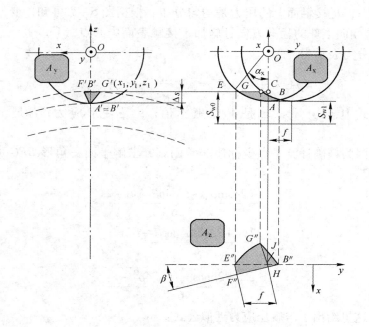

图 5-8 变形区在三坐标方向投影图

值可推导出投影面积 A_x，A_y，A_z 来求解方程式。

轴向投影面积：
$$A_x = f\rho(1 - \cos\alpha_x) \qquad (5-14)$$

切向投影面积：A_y 是三角形 $B'G'F'$ 面积，三角形是凸边形，简化为直边三角形计算。

所以
$$A_y = 1.05\frac{[(2\rho\sin\alpha_x + f)\sin\beta\cos\beta + 2x_1](S_{w0} - S_{w1})}{4} \qquad (5-15)$$

同理，径向投影面积：A_z 的面积用三角形 $B''G''F''$ 表示，为了计算方便，也被简化为直边三角形计算。

所以，
$$A_z = \frac{(2\rho\sin\alpha_x + f)\cos\beta}{8} \times \sqrt{4x_1^2 + (2y_1 + f)^2 - (2\rho\sin\alpha_x - f\cos\beta)^2}$$
$$(5-16)$$

5.2.1.2 求解变形分力

计算各分力时假定旋压模具为刚性，管件材质取定值平均屈服应力状态，且接触面上的压力是均匀分布。根据图 5 – 7 可知，变形合力 $\bar{p}$ 是朝向滚珠的径向方向且施加于接触表面中心点（V）上。它的变形分力表示为：

$$F_x = pA_x \frac{x_v}{\rho}; \qquad F_y = pA_y \frac{y_v}{\rho}; \qquad F_z = pA_z \frac{z_v}{\rho}, \qquad (5-17)$$

式中，x_v，y_v，z_v 是 V 点坐标值；p 是变形应力；ρ 是滚珠半径。

因为精确计算 V 点坐标值非常困难，求解平面三角形 BFG 可近似表示：

$$x_v = \frac{(2\rho\sin\alpha_x + f)\sin\beta\cos\beta - 2x_1}{6} \qquad (5-18)$$

$$y_v = \frac{2y_1 + 2\rho\sin\alpha_x\cos\beta - f}{6} \qquad (5-19)$$

$$z_v = \frac{2z_1 + 2\rho\cos\alpha_x + \sqrt{4\rho^2 - f^2}}{6} \qquad (5-20)$$

这里给出了求解压应力近似公式：

$$p = k(2 + \pi/2 + m) \qquad (5-21)$$

式中，k 值为剪切应力；m 值为剪切摩擦系数。

把式（5 – 21）代入式（5 – 17）可求解各分力的计算公式：

切向力　$$F_x = \frac{kA_x(4 + \pi + 2m)\left[(2\rho\sin\alpha_x + f)\sin\beta\cos\beta - 2x_1\right]}{12\rho} \qquad (5-22)$$

轴向力　$$F_y = \frac{kA_y(4 + \pi + 2m)(2y_1 + 2\rho\sin\alpha\cos\beta - f)}{12\rho} \qquad (5-23)$$

径向力　$$F_z = \frac{kA_z(4 + \pi + 2m)(2z_1 + 2\rho\cos\alpha_x + \sqrt{4\rho^2 - f^2})}{12\rho} \qquad (5-24)$$

5.2.1.3　理论计算和实验数据比较

为了加快上述求力的复杂公式运算，应用了 Mathcad3.0 程序，由计算机进行推导运算。考虑到各种加工参数的影响，其应用上述计算结果和实验数据比较列于图5 – 9中。

图中有几何图形符号的四种实验数据列入表 5 – 1 中。而在图 5 – 9中的曲线是理论计算值。4 种实验值在图中用不同的图形符号表

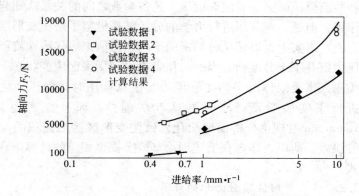

图 5 - 9 理论计算和实验数据比较表

示。各种实验选择了不同的工艺参数，如剪切摩擦系数 $m = 0.3$，库仑摩擦系数 $\mu = 0.2 \sim 0.3$ 时，理论计算结果与实验值显示了较好的近似匹配。通过图 5 - 9 中曲线也进一步证实了滚珠旋压管材时是局部小面积变形，从而需要较小的轴向变形分力 F_y。

表 5 - 1 试验工艺数据表

实验序号	工件材料	芯模直径 d_w/mm	原始壁厚 S_{w0}/mm	成品壁厚 S_{w1}/mm	滚珠半径 ρ/mm	滚珠数 n_T	转速 n_y /r·min^{-1}	进给速度 V_y /mm·r^{-1}
1	低碳钢 OLC15	11.5	2.15	1.88	10	4	800	0.4 ~ 0.63
2	低碳钢 StTZu	50	2.1	1.3	10	11	780	0.5 ~ 1.1
3	铝 Al99 5F13	100	2.14	1.68	10	18	780	1 ~ 10
4	铝 Al99 5F13	100	2.14	1.29	10	18	780	1 ~ 10

5.2.2 滚珠旋压力康达昌计算法[5]

近年来，虽然德国的 M. I. Rotarescu 对滚珠旋压工艺进行了理论推导和数值模拟研究，对滚珠旋压工艺各参数之间的关系认知起到了重要作用，但是，对旋压进行力学的分析都是借鉴了挤压成形区的平均压力值。事实上，以挤压时的定值平均压力值来取代滚珠旋压时的接触压力值并不十分准确。因而，作者提出利用平面应变状态下圆弧形冲头压入半无限体时平均接触压力与滚珠旋压时接触压力之间关系，进行了实验验证。证明更具有精确性。而且作者也认为，M. I. Rotarescu 对理论分析模型简化，致使变形区接触面积的简化有较大的误差。所以，作者在上述理论基础上提出相应的计算滚珠旋压力公式。

5.2.2.1　变形区接触面积的计算

为了计算力能参数，首先要清楚滚珠与管件接触面积情况，作者给出了图 5 - 10 所示的空间直角坐标系示意图，整个接触区实际上是由三条轮廓线组成的球面。其接触面空间图形可参考图 5 - 7 所示的三维图形。同时，在图 5 - 11 中给出了滚珠旋压时，滚珠与管件接触的立体示意图。在旋压过程中，由于滚珠单圈轴向进给比很小，作用形成压痕的力几乎可以忽略，所以为了简化计算过程，被接触轮廓线除图 5 - 6 所示的三条轮廓线外，去除压痕又新增了一条过球心的圆与管件垂直相交而得的曲线。

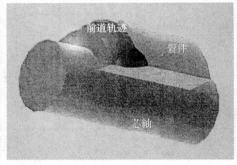

图 5 - 10　直角坐标系示意图　　　图 5 - 11　滚珠与管件接触立体示意图

为此，空间坐标平面上的投影即可通过这四条接触线计算。继而求出单个滚珠受力情况。根据图 5 - 9 的情况，可建立滚珠的方程式为：

$$x^2 + (y - e)^2 + z^2 = R_1^2$$

式中

$$e = R + R_1 - t_1 = R + R_1\cos\alpha \tag{5-25}$$

管件未成形部分的方程式为：

$$x^2 + y^2 = R^2,\ z \in (-\infty,\ l - R_1\sin\alpha) \tag{5-26}$$

管件与滚珠形成的前一道次接触轨迹方程为：

$$\left(\sqrt{x^2 + y^2} - e\right)^2 + (z - l)^2 = R_1^2,\ z \in (l - R_1\sin\alpha,\ 0) \tag{5-27}$$

由此根据式（5-25）、式（5-26）及式（5-27）即可得出接触曲面关键四点 A，B，C，D 的方程式求解。即：

$$x_A = 0,\ y_A = R,\ z_A = -R_1\sin\alpha \tag{5-28}$$

$$x_B = \sqrt{R^2 - \left(\frac{R + R_1\cos\alpha}{2} + \frac{R^2 - R_1^2 + (R_1\sin\alpha - l)^2}{2(R + R_1\cos\alpha)}\right)^2}$$

$$y_B = \frac{R + R_1\cos\alpha}{2} + \frac{R^2 - R_1^2 + (R_1\sin\alpha - l)^2}{2(R + R_1\cos\alpha)}$$

$$z_B = l - R_1\sin\alpha \tag{5-29}$$

$$x_C = \left\{ \left(R + R_1\cos\alpha - \sqrt{R_1^2 - l^2}\right)^2 - \frac{R + R_1\cos\alpha}{2} + \frac{\left(R + R_1 + \cos\alpha - \sqrt{R_1^2 - l^2}\right)^2 - R_1^2}{2\ (R + R_1 + \cos\alpha)} \right\}^{\frac{1}{2}}$$

$$y_C = \frac{R + R_1\cos\alpha}{2} + \frac{\left(R + R_1 + \cos\alpha - \sqrt{R_1^2 - l^2}\right)^2 - R_1^2}{2(R + R_1 + \cos\alpha)},$$

$$z_C = 0 \tag{5-30}$$

$$x_D = 0;\qquad y_D = R - R_1 + R_1\cos\alpha;\qquad z_D = 0 \tag{5-31}$$

式中　　R——管件半径；

　　　　α——变行区成形角；

　　　　L——管件旋压长度；

　　　　R_1——滚珠半径。

滚珠球心 O 的坐标方程表示为：

$$x_0 = 0;\qquad y_0 = 0;\qquad z_0 = 0 \tag{5-32}$$

这样，接触面在各坐标平面上的投影边线，利用式（5－28）～式（5－32）所得出的关键点坐标用 C 语言编制计算机程序，求得设定接触面为 A 的投影面积。

$$A_x = \sum_{Z=Z_A}^{Z_B} y(z)\Delta_z + \sum y(z) + \Delta_z + \sum y(z)\Delta_z \quad (5-33)$$

$$A_y = \sum_{Z=Z_A}^{Z_B} x(z)\Delta_z + \sum_{Z=Z_B}^{Z_C} x(z)\Delta_z \quad (5-34)$$

$$A_z = \sum_{y=y_A}^{y_B} x(y)\Delta_y \quad (5-35)$$

5.2.2.2　旋压力能参数计算

在滚珠旋压工艺中，滚珠与管件接触面上的压力可以看成指向球心均布。它们的各自分力计算公式如下：

切向分力　　　　　　$F_x = A_x p \dfrac{x_G}{R_1}$

径向分力　　　　　　$F_y = A_y p \dfrac{y_G}{R_1}$

轴向分力　　　　　　$F_z = A_z p \dfrac{z_G}{R_1}$ 　　　　　　（5－36）

式中，x_G、y_G、z_G 是 G 点在接触面轮廓线的中心值。

p 值是接触单位压力值，经作者实验和模拟可用下述公式：

$$p = 2.6 \times \sigma_s \left[1 + \frac{\pi}{2} - \arccos\left(1 - \frac{t_1}{R_1} \right) + \frac{t_1}{\sqrt{R_1^2 - (R_1 - t_1)^2}} \right]$$

$$(5-37)$$

式中，σ_s 为材料屈服应力；t_1 为管件减壁量；R_1 为滚珠半径。

滚珠旋压成形所需的功率计算公式如下：

$$p = (F_x v_x + F_y v_y + F_z v_z)\frac{nN}{60\eta_1\eta_2} \times 10^3 \, [W]$$

$$= (2\pi F_x(R + R_1\cos\alpha) + (F_z + \mu F_y) - l)\frac{nN}{60\eta_1\eta_2} \times 10^3 \, [W]$$

$$(5-38)$$

式中，μ 为芯模与管坯之间的库仑摩擦系数；v_i 为滚珠沿 i 轴（x，y，z）的速度，η_i 为传动的机械效率，$i=1$ 时，为电机的传动效率，$i=2$ 时，为滚珠的成形效率。

5.2.3　应用轧制力近似计算旋压力

在压力加工塑性变形中，平板轧制过程的变形材料主要朝着轧制方向流动。而滚珠变薄旋压时，材料主要是朝着壁厚压缩方向流动。这里力的计算中这个差别忽略不计，应用平板轧制力模拟旋薄力计算，方法简便，可供工程参考。

根据文献可知轧制变形力公式：

$$p = b_1 L_d \, \overline{\sigma}_m / \eta$$

式中　b_1——变形区宽度，近似于已轧出板材的宽度；

　　　L_d——轧辊与轧件的接触弧长；

　　　$\overline{\sigma}_m$——被变形材料的平均变形抗力；

　　　η——变形效率，一般取 $10\% \sim 15\%$。

旋压力计算：在计算径向力 P_r 时，采用上述轧制力类似公式

$$P_r = bL_d \frac{\overline{\sigma}_m}{\eta} \tag{5-39}$$

式中　b——滚珠与管坯接触面的水平投影长度，$b = \Delta t \cot\alpha_p$；

　　　L_d——滚珠与管坯接触面横截面上接触弧长，$L_d \approx \sqrt{R_p f \tan\alpha_P}$；

　　　f——每转进给量；

　　　Δt——每转后壁厚减薄量；

　　　α_p——滚珠旋压成形角 α 的一半。

将上述 b、L_d 值代入式（5-39）后可得近似径向力公式：

$$p_r \approx \Delta t \cot\alpha_p \sqrt{R'f \tan\alpha_P} \frac{\sigma_m}{\eta} = \Delta t \frac{\sigma_m}{\eta} \sqrt{R'f \cot\alpha_P} \tag{5-40}$$

通过图 5-3 可知，径向力 P_r 和轴向力 P_z 相互垂直，根据三角形函数关系，轴向力可为：

$$p_z = p_r \tan\alpha_P = \Delta t \frac{\sigma_m}{\eta} \sqrt{R'f \tan\alpha_P} \tag{5-41}$$

式中，R' 为管件半径 R_f 和滚珠半径 R_P 的诱导半径，即

$$R' = \frac{2R_f}{R_f} + \frac{R_P}{R_P}$$

同样，切向力表示为：$p_t = p_r \tan\beta$，由于 β 角很小，$\tan\beta$ 约等于 $L_{d/2}$。将 p_r 和 L_d 值代入，则

$$p_t \approx \Delta t f \frac{\sigma_m}{\eta} \qquad (5-42)$$

从式（5-40）、式（5-41）、式（5-42）中可以看出各分力都包含主要影响因素，三个分力均与壁厚绝对减薄量 Δt 和材料平均变形抗力 σ_m 成正比，与材料的内外接触表面摩擦的变形效率 η 成反比。同时还与进给量 f、滚珠直径 D_P 及啮合角 α_P 的平方根相关。

5.2.4　徐洪烈旋压力计算法[2]

根据作者旋轮筒形件旋压受力图解可近似应用于滚珠旋压，图5-12 示出了滚珠旋压筒形件时的三个旋压分力分布图解。滚珠旋薄时，旋压力通过滚珠表面均匀地作用于管件与滚珠的接触面上。作用力的合力通过接触面的重心，其方向为接触弧面在重心处的法向。实际旋压工作更关心旋压力的分力，以分别确定旋压设备所需的功率和轴向驱动的动力。

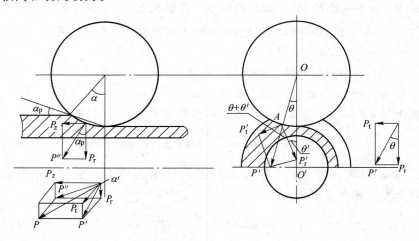

图 5-12　滚珠旋压力的分解

从图 5 – 12 看出：旋压力 P 首先分解为轴向力 P_z 和横向力 P'，P' 又可分解为径向力 P_r' 和切向力 P_t'，P 与 P' 的夹角为 α'，P' 与 P_t' 的夹角为 $\theta + \theta'$。由图可见，径向力 P_r' 不平行于滚珠与管件的中心连线 OO'，考虑到 θ' 一般很小，将 P' 分解为图示的 P_r 和 P_t（$P_r /\!/ OO'$，$P_t \perp OO'$）来代替原来的 P_r' 和 P_t' 作为径向力和切向力，不会带来太大的误差。此时，各分力和合力之间以及各分力之间的关系式如下：

轴向分力 $\qquad\qquad P_z = P\sin\alpha'$ $\qquad\qquad$ (5 – 43)

径向分力 $\qquad\qquad P_r = P\cos\alpha'\cos\theta$ $\qquad\qquad$ (5 – 44)

切向分力 $\qquad\qquad P_t = P\cos\alpha'\sin\theta$ $\qquad\qquad$ (5 – 45)

三向分力有如下相互关系：

$$P_t = P_r\tan\theta = P_z\tan\alpha_p\tan\theta \qquad\qquad (5 – 46)$$

式中 $\qquad\qquad\qquad \alpha' = \tan^{-1}\ (\tan\alpha_p\cos\theta)$

管形件变薄旋压时的应力和变形状态比较复杂，由此得出的旋压理论计算公式往往过于烦琐。根据工程上实用要求，多采用简便的计算方法，即把变形管件按均匀变形导出计算公式，然后乘以一定的系数，以弥补变形过程中的摩擦和不均匀变形对旋压力的影响。

滚珠旋薄时三个旋压分力的计算依据变形区三向投影面积，而与材料平均应力 σ_m、进给率 f、管坯壁厚 t_0、滚珠直径 D_p、旋压角 α（$\alpha_p = \alpha/2$）相关。

旋压分力工程计算公式如下：

切向旋压分力 $\qquad\qquad P_t = Kt_0 f\sigma_m$ $\qquad\qquad$ (5 – 47)

径向旋压分力 $\qquad\qquad P_r = Kt_0\sigma_m\sqrt{D_p f\cot\dfrac{\alpha}{2}}$ $\qquad\qquad$ (5 – 48)

轴向旋压分力 $\qquad\qquad P_z = Kt_0\sigma_m\sqrt{D_p f\cot\dfrac{\alpha}{2}}$ $\qquad\qquad$ (5 – 49)

上述公式中系数 K 考虑了变形过程中的摩擦和畸变等因素对旋压力的影响，K 为减薄率函数，即 $K = f(\psi)$。

由于正旋和反旋时的应力和变形情况不同，故采用上述公式计算旋压分力时，K 值也不同，正旋时取 $K = K_F$，反旋时取 $K = K_B$，通常 $K_B > K_F$。K 值计算公式如下：

$$K_F = (1 - \psi)\ln(1/(1 - \psi)) \qquad\qquad (5 – 50)$$

$$K_B = \ln\ (1/(1-\psi))\qquad\qquad (5-51)$$

5.2.5   旋压力的简便算法

5.2.5.1   旋压分力计算

图 5 – 13 所示为 LD6 铝合金旋压时平均单位压力 P_d 与接触面积 F_z 的关系曲线图。

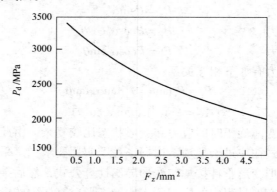

图 5 – 13   单位压力 P_d 与面积 F_z 的关系曲线

作用在滚珠上轴向力 P_z 与壁厚减薄量和进给量有关，并按下式计算：$P_z = P_d F_z$，式中 P_d 即为图 5 – 13 中的平均压力，它与接触面积有关，接触面积越小，P_d 值越大，接触面积越大，P_d 值越小。

然而，为了能够利用图 5 – 13 中的曲线，求解其他材料管件的旋压分力，必须对平均压力值 P_d 进行适当修正。其修正值 $P' = KP_d$，而修正系数 $K = \sigma_{s1} + \sigma_{s2}/2$，$\sigma_{s1}$，$\sigma_{s2}$ 分别为变形前、后的材料屈服极限。

因此，有简易旋压力计算公式：

$$P_z = P'F_z = KP_dF_z\qquad\qquad (5-52)$$
$$P_r = P'F_r = KP_dF_r\qquad\qquad (5-53)$$
$$P_t = P'F_t = KP_dF_t\qquad\qquad (5-54)$$

式中，F_z、F_r、F_t 数值按前述的投影面积计算公式求取。

5.2.5.2   扭矩和功率

确定扭矩的主要因素是切向力 P_t 的大小，它也是确定旋压机主轴驱动功率的依据。在滚珠旋压过程中，作用于滚珠模套上的扭矩可按下式计算：

$$M_t = P_t R_0 m_0 = f \Delta t'_p R_0 m_0 \qquad (5-55)$$

式中 R_0——管坯半径；

      m_0——滚珠个数；

      $P_t = KP_d$；

      P_d——平均单位压力。

所需的变形功率 $N(kW)$ 可由下式计算：

$$N = \frac{M_t n}{975} \qquad (5-56)$$

式中 n——管坯每分钟转速。

5.2.6 旋压分力不同方法计算结果比较

5.2.6.1 旋压分力计算实例

滚珠旋压过程中旋压力的大小是确定旋压工艺参数、选择滚珠直径和确定旋压设备的重要依据。虽然，滚珠旋压工艺在工业中应用范围较窄，但是该工艺的简便优越性和特殊性，近年来也逐渐引起人们广泛关注。为了计算滚珠旋压力，国内外学者提供很多计算旋压力的方法和公式。但由于滚珠旋压本身工艺参数的多样性和塑变机理的复杂性，在计算推导中的各种假定、借用和简化是不可避免的，这也就使其计算精确性受到了影响。然而在工业实践中，大多只需粗略估计旋压力的大小，或是判断旋压设备能力能否适应旋压过程时需要。除了参考生产实践经验数据外，由理论公式计算出的旋压力数据更为可靠。我们对一些前述的计算公式进行了单个滚珠旋压力实际运算，其工艺条件和运算结果如表 5 – 2 所示。其各工艺参数值如下：旋压材料为镍铜合金 NCu40 – 2 – 1，管材直径 $D_0 = \phi20mm$，管材原始壁厚 $T_0 = 1.0mm$，成品壁厚 $T_f = 0.5mm$，变形前屈服极限 $\sigma_{s_1} = 300MPa$，成形角 $\alpha = 25°$，进给量 $f = 0.1mm/r$，滚珠直径 $D_p = 10mm$，滚珠个数 $m_0 = 9$，变形方式为反旋压。

表 5 - 2 旋压分力计算比较表

序号	计算方法	切向力 P_t	径向力 P_r	轴向力 P_z
1	按图 5 - 4、图 5 - 5 中投影面积计算分力	$P_t = KF_t\sigma_m = 100\text{N}$	$P_r = KF_r\sigma_m = 2.42\text{kN}$	$P_z = KF_z\sigma_m = 760\text{N}$
	式中：应力系数 $K = 5$（反旋压）， $\sigma_m = 400\text{MPa}$， $F_t = 0.05\text{mm}^2$， $F_r = 1.21\text{mm}^2$， $F_z = 0.38\text{mm}^2$			
2	平均单位压力简易算法求各分力	$P_t = KP_dF_t = 132.5\text{N}$	$P_r = KP_dF_r = 2.32\text{kN}$	$P_z = KP_dF_z = 880\text{N}$
	修正系数 $K = \sigma_{s1} + \sigma_{s2}/2 = 0.66$， P_d 分别为 4GPa、2.9GPa、3.5GPa，投影面积计算同上。			
3	按柯巴耶希[1]公式以接触面积求各分力	$P_t = KF_t\sigma_m = 100\text{N}$ $F_t = \Delta t_f = 0.05\text{mm}^2$	$P_r = KF_r\sigma_m = 2.12\text{kN}$ $F_r = \Delta t\sqrt{d_p f\cot\alpha_p} = 1.06\text{mm}^2$	$P_z = KF_z\sigma_m = 470\text{N}$ $F_z = \Delta t\sqrt{d_p f\tan\alpha_p} = 0.235\text{mm}^2$
	式中：应力系数 $K = 5$（反旋压）， $\sigma_m = 400\text{MPa}$， $d_p = 10\text{mm}$， $\alpha_p = \alpha/2 = 12.5°$			
4	采用轧制力近似计算法求解旋压分力	$P_t = \Delta t_f\sigma_m/\eta = 200\text{N}$	$P_r = \Delta t\cot\alpha_p$ $\sqrt{R'f\tan\alpha_p}\,\sigma_m/\eta = 3.42\text{kN}$	$P_z = \dfrac{\sigma_m}{\eta}\sqrt{R'f\tan\alpha_p} = 760\text{N}$
	$\eta = 10$， $\Delta t = 0.5\text{mm}$， $\alpha_p = \alpha/2 = 12.5°$， $R' = \dfrac{2R_K R_p}{R_K + R_p} = 6.55$， $R_p = 5$， $R_k = 9.5\text{mm}$， $\sigma_m = 400\text{MPa}$			

5.2.6.2 计算结果分析

（1）从表 5 - 2 中可以看出，序号 1、2 是用投影面积求解和用查阅平均单位压力的简易算法计算三个旋压分力的方法。计算结果表明两种计算方法的旋压力值非常接近，同过去生产实践积累经验数据误差在 20% 之内。因而在工程实践中，应用序号 1、2 方法求解旋压分力是适用的。

（2）表 5 - 2 中序号 3 是依据锥旋轮旋压筒形件时的接触面积计算切向与径向旋压分力，误差不大，只有轴向分力计算与前两种方法比较时误差较大。

（3）表 5 - 2 中序号 4 采用轧制力近似计算公式，各个分力值都包含了影响旋压力的主要因素，各个分力与 Δt、σ_m 成正比，与变形效率 η 成反比，还与 D_p、f、α_p 的平方根相关，免去了求解变形区的投影面积。虽然计算值与序号 1、2 结果有误差，但总合力的误差在 10% 以内。

（4）从表 5 - 2 中计算结果看出，径向力大于轴向力，且远大于切向力，即有：

$$P_r > P_z \gg P_t$$

通常，各分力计算公式比值有如下近似关系：$P_r/P_z = 1/\tan\alpha_p$，当轴向啮合角 α_p 为 $10° \sim 20°$ 时，会有 $P_r/P_z = 2.5 \sim 5.5$ 的倍数关系。

而径向分力与切向分力的关系有：$\dfrac{P_r}{P_t} \approx \sqrt{\dfrac{D_p}{f\tan\alpha_P}} \approx 15 \sim 25$ 的倍数关系。

5.3 影响旋压力的因素分析

通过对滚珠旋压力理论分析及生产实践的认知，旋压力的大小主要取决于材质的屈服强度和滚珠对管件加压后变形区接触面积。因而变形力是金属自然性质和加工外部条件的函数。分析影响旋压力的因素及规律，会更进一步指导旋压生产和对滚珠旋压的理论研究。

5.3.1 旋压管件的性质对旋压力的影响

旋压力与被旋压金属管材的抗拉强度呈线性关系。抗拉强度越高，旋压力越大。对于不同种类的材质和不同热处理状态，其变形抗力不同，所需的旋压力也不同。材料退火后通常会使旋压力降低。在旋压外部条件不变时，热旋压也同样会使旋压力降低。图 5 - 14 示出了一些金属在不同温度下的抗拉强度。

5.3.2 壁厚减薄量对旋压力的影响

壁厚减薄率 $\psi(\%)$ 是影响旋压力的基本工艺因素。它的表达式为：

$$\psi = \frac{t_0 - t_f}{t_0} = \Delta t/t_0$$

$$\Delta t = t_0 - t_f$$

式中　t_0——管件原始壁厚，mm；

　　　t_f——管件成品壁厚，mm；

　　　Δt——绝对减薄量，mm。

通常情况下，旋压过程的三个分力都随着减薄率增加而增大。因为在其他外部条件相同情况下，由于减薄率增大，滚珠和管件的接触面积加大，与变形率相关的变形抗力增加，这些都与旋压力的增加成

正比。图 5 – 15 示出退火后蒙耐尔合金（NCu40 – 2 – 1）旋压变薄率
与径向力 P_r、轴向力 P_z 的关系曲线。

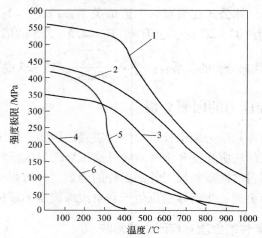

图 5 – 14　温度对金属和合金极限强度的影响
1—白铜；2—镍；3—磷青铜；4—铅黄铜；5—62 黄铜；6—镁

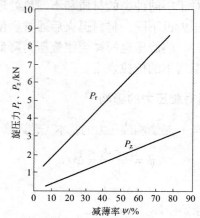

图 5 – 15　旋压力 P_r、P_z 与减薄率 ψ 的关系

5.3.3　管坯壁厚 t_0 的影响

当旋压管件的壁厚减薄率 ψ 一定时，管坯绝对壁厚增大，则会
使滚珠的压入深度 Δt 增大，此时的滚珠与管坯变形接触区面积也增

大，这就使旋压力增大。

5.3.4 滚珠轴向进给量 f 对旋压力的影响

滚珠旋薄工艺通常是在专用立式旋压机上采用。立式油缸的活塞杆夹持套在芯模上的管件匀速慢慢压下，而置于主轴座内模套带动四周滚珠高速旋转。模套旋转一周活塞杆下降的距离为旋压的进给比，即进给量 $f(\mathrm{mm/r})$。进给量 f 不论对旋后管件的质量，还是对旋压力都是一个重要影响因素。随着 f 值的加大，直接影响到轴向推进压下量和旋压变形速度增大。无论是正旋还是反旋形式，三个旋压分力也都随之增大。图 5-16 示出了滚珠旋压管件时切向力、轴向力和切向力与进给比的关系曲线。

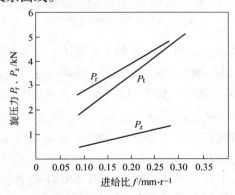

图 5-16 进给比与旋压分力关系

这里，管坯为热处理固溶淬火后的不锈钢管（1Cr18Ni9Ti），$D_0 = 10\mathrm{mm}$，$t_0 = 1.0\mathrm{mm}$，反旋压方式，滚珠直径 $D_P = 8\mathrm{mm}$，$\Delta t = t_0 - t_f = 0.4\mathrm{mm}$，旋压角 $\alpha = 25°$，$\sigma_m = 525\mathrm{MPa}$。

5.3.5 管件直径 D_0 对旋压力的影响

管坯的直径对轴向力 P_z 有较大的影响，而对径向力 P_r 的影响很小。这可从图 5-17 所示的横截面变形区受力图分析中看出。

图中，滚珠半径为 r_p，管坯半径为 R_0，ϕ 角为滚珠接触角，β' 角为管件接触角，β 为滚珠与管坯交点周面的出料角。

$\beta = \angle bad$，在直角三角形 Oad 中，有：$\beta = \angle bad = 90° - \angle oab$，

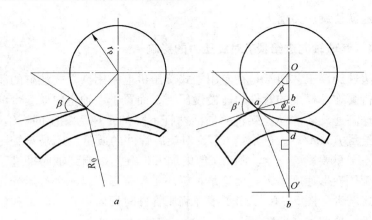

图 5 – 17   相同滚珠不同管径的接触面对旋压力的影响
a—大直径管件；b—小直径管件

根据两直角三角形 abc 与 Oac 相似，所以有：$\angle bac = \phi'$，在直角三角形 abc 中，$\angle abc = 90° - \phi'$，$\angle abc = \angle oab + \phi$，所以 $\angle oab = 90° - \phi - \phi'$，$\beta = \angle bad = 90° - [90° - (\phi + \phi')]$。从直角三角形中可求出：$\phi = \arcsin L/r_p$，$\phi' = \arcsin r_p/R_0$，$L = ab = \sqrt{2r_p \Delta t}$。

假定旋压不同直径管坯分别为 ϕ20X1 和 ϕ40X1 的 NCu40 – 2 – 1 镍铜合金管，$D_P = 10$，$\Delta t = 0.5$。

此时，ϕ20X1 管件的 $\beta = 50.5°$，而 ϕ40X1 管件 $\beta = 33°$。由此可以看出大直径的管坯出料退角小。因而材料在切向流动所受的阻力比小直径管料阻力要大一些。这样就迫使材质在轴向加强流动，需要较大的轴向力。通过单滚珠轴向分力的计算，它们分别为 1.40kN 和 1kN，也证明了上述分析的合理性。然而径向分力由于变形区所对弧长取决于滚珠压入管坯的 ϕ 角的大小，所以管坯直径的大小对径向力影响不大。

5.3.6   旋压角 α 对旋压力的影响

管件变薄旋压工艺中，旋压角 α 是重要的工艺参数。对于旋轮旋管形件，当锥形旋轮旋压角 $\alpha = 20° \sim 25°$ 时，径分力及合力最小。图 5 – 18 示出了旋轮旋压角 α 与旋压力 P 之间的关系。

试验观察表明，在锥形旋轮旋压应用较小旋压角 α 时，会使旋轮与管件的接触区长度增加，并使得管件易产生扩径。同时，旋轮与管件接触面在垂直轴线平面上投影随着 α 减小而增大，因此使径向力增大，轴向力略有减小。相反，在采用大的旋压角 α_p（大于 25°）时，容易使旋轮前材料堆积加剧，变形区尺寸发生与上述相反的变化，从而使实际减薄率和径向分力及旋压合力都增大。

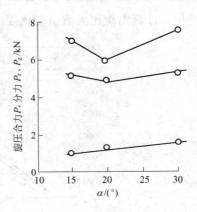

图 5－18　旋轮旋压力及分力与旋压角 α 的关系（$\psi = 20\%$，正旋）

然而，滚珠变薄旋压管形件时，发现旋压角 α 的变化对旋压分力的影响不像旋轮旋压那样存在旋压力最小的 α 角范围。

从图 5－19 中可看出滚珠旋压时径向分力 P_r 随着旋压角 α 的增大而增大的结果。

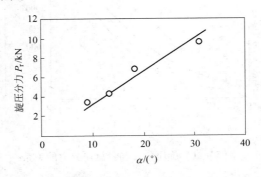

图 5－19　旋压角 α 与分力 P_r 的关系图

图 5－19 示出的是反旋压不锈钢管，减薄率 $\psi = 40\%$，旋压角 α 为 10°～30°时 P_r 的分布情况。

另外，根据文献 [5] 关于旋压力的计算公式，对应旋压角 α 的变化，计算出旋压力数值变化规律（如图 5-20 和图 5-21 所示）。

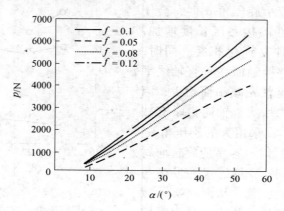

图 5-20 旋压力 P 与旋压角 α 的关系

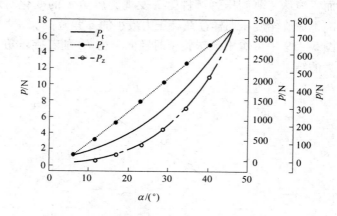

图 5-21 旋压角 α 与各旋压分力的关系

图 5-20 示出了不同进给比 f 时，随着旋压角 α 的增大，旋压合力增大的趋势。图 5-21 则示出了随着旋压角 α 的增大，切向旋压分力 P_t、径向分力 P_r 及轴向分力 P_z 的变化规律。从图中可以看出径向分力与旋压角 α 呈线性关系，而切向分力 P_t 在 $\alpha > 20°$ 后，开始有了大的增加，这对旋薄成形精度不利。这也能证明对于滚珠旋薄过程也

存在合理旋压角范围，过大、过小的旋压角无论是对受力状态还是成形质量都是无益的。因为，滚珠变薄旋压的特点是滚珠直径 D_P 就是直接参与变形的因素。在滚珠直径及减薄量确定后，变形接触区球弧的大小也随之确定。即有旋压角 $\alpha = \arccos 1 - \Delta t/R_P$。而图 5-4 所示垂直于径向力的投影面积边长 a 有如下关系式：$a = \sin\alpha R_P$。从计算径向旋压力 P_r 的公式 $P_r = KF_r\sigma_m$ 可知 F_r 投影面积取决于 a 值大小，也就直接影响分力的大小。而 a 值的大小又与旋压角 α 和滚珠直径 D_P 成正比。这也就是滚珠旋压与旋轮旋压筒形件的不同之处。

5.3.7　管坯原始状态对旋压力的影响

由旋压力的计算公式知道，旋压力 P 的大小与变形材料的强度极限 σ_B 成正比。同时也与旋压加工的外部条件的变化有直接关系。滚珠旋压的管坯大多是冶金厂家生产、提供的硬态和半硬态制品。如图 5-22 所示，变形铝在退火后 σ_b 值的降低和伸长率的提高，都有利于旋压力的降低。因此有时在旋压前的再结晶退火或固溶淬火是非常必要的。

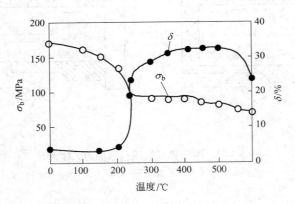

图 5-22　变形铝线 σ_b 和 δ 与退火温度的关系

当然有时退火后材料在旋压时外部变形条件中进给率 f、减薄率 ψ 过大会导致滚珠变形区前形成剥皮堆积。影响旋压的正常轴向进给，旋压轴向力 P_z 增大，也会使管件的表面精度和尺寸精度下降。

5.3.8 滚珠旋压变形方向对旋压力的影响

管形件和筒形件的滚珠旋压，由于坯料的来源不同而常常采用不同的旋压方式。带底的筒形件多采用正旋压，而管形件多采用反旋的方式。在旋压时，金属管材质相对于芯模轴线有两个可能流动方向，正旋时的流动方向和反旋时的流动方向相反。图 5-23 所示的正旋和反旋的金属流动及摩擦阻力的影响是不同的。正旋时，金属的流动方向与芯模轴向移动方向相反。反旋时两者则相同，这样就会导致管坯内壁和芯模之间的摩擦力方向不同，将对变形力产生不同影响。正旋时的摩擦力 f 是拉应力，有利于金属的轴向运动，致使旋压力减小。同时从变形应力图中知道反旋是三向压应力。正旋在径向，周向是二向压应力，轴向拉应力状态。此时的拉应力对变形区产生减小变形力的影响。所以，同样外部变形条件下正旋压变形力小于反旋压。

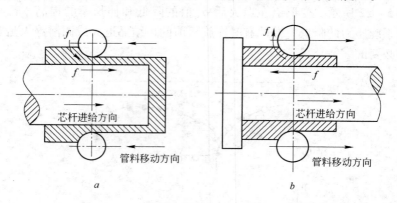

图 5-23 滚珠正反旋压与摩擦力 f 对比图

a—正旋；b—反旋

5.4 滚珠旋压力能试验

旋压过程中的力能参数的确定，除了理论分析计算方法外，试验研究也是一种很有效的方法。也可以说是对各种理论计算方法准确性的检验。经过试验法检验的计算公式，才能得到进一步的推广和应用。

旋压的过程受设备和工艺等诸多复杂因素的影响，以及在集中载荷逐点变形所发生的弹塑变形过程的定性和定量的分析，还不能应用变形理论精确解决。因此通常采取各种假设的简化措施，会给计算结果带来与实际值的误差。所以在旋压加工的实践过程中，尝试用可靠的方法对旋压设备在运转过程中进行实际测量，以便反映出旋压过程中的应力、应变、力、扭矩和功率等参数的变化状况。其中，最简易的方法就是在液压传动的立式或卧式滚珠旋薄机上，采用压力表上的指示读数和油缸作用面积来计算旋压力的方法。但由于机械摩擦力和动能效率难以准确估算，计算的旋压力值会与实际值有较大出入。

当前旋压力能的测定多是采用电测试验方法。其结果验证比较令人满意。但也必须指出，试验法需要精确测量仪器和测量元件。由于受到科技发展的局限，测力元件灵敏度和准确性还有待进一步提高。例如近年来应用 IC 集成电路工艺制成的半导体压力传感器，正在日益受到人们的关注。因此，对于理论计算和试验研究的结果都要作出正确判断，以便指导生产实践、工艺研发和设备设计。

5.4.1 旋压力电测法的基本概念

因为旋压过程所需测量的函数大多属于机械量范畴，因而根据相关测力资料介绍，对旋压力的测试，目前广泛应用的是电测法。

所谓电测法即是首先将机械量转变成传感器（弹性测量元件）的相应的应力 – 应变，然后使应力 – 应变再转换成电参量（如电阻、电容和电感等）的变化。接着应用电桥电路，使之进一步转换成易于处理的电压或电流的变化。当输出的信号过小时，还需要进一步放大，以便采用适当仪器进行观察或记录。

目前最常用的是电阻丝材质的应变片（或箔式膜片）的测量法。应变片的结构形式如图 5 – 24 所示。它是将直径极细的电阻丝（直径小于 $25\mu m$）弯曲成若干回纹状后，用万能胶粘固在具有弹性的绝缘基板上制成单组或数组的应变片。绝缘板长度一般不超过 10mm，其宽度根据测试工艺需求取数毫米不等。而箔式应变片则是将数微米厚金属电阻膜粘固在环氧树脂基板上，再利用光刻法蚀刻成箔式应变片。

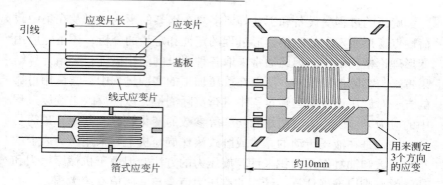

图 5 – 24   应变片类型举例

无论应用哪种类型应变片，最后都是再把基板粘贴在被测试物体的合适部位构成机械转换器进行测量。在测力传感器受力过程中，利用电阻丝电阻变化，即外力与传感器的应力（应变）变化成正比的原理进行测量。

整个转换过程如下：

旋压力 P →应变 ε →电阻变化 ΔR →电压变化 ΔV →电流变化 ΔI →示波仪显示光点偏摆量。测力系统的原理如图 5 – 25 所示。

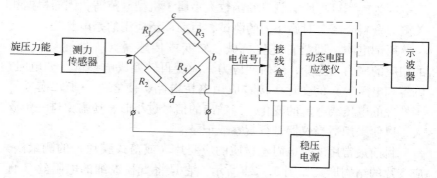

图 5 – 25   旋压测力系统

图中测力传感器（机械转换器）的作用是将受力后的各种机械量转换成它在弹性范围内的应变 ε。测力系统的桥式电路中若存在 $R_1 R_4 = R_2 R_3$，则 cd 间电压 $V = 0$。一旦电阻应变片 R_1 的阻值在测试

受力后增加了 ΔR_1，电阻值即成为 $R_1 + \Delta R_1$，此时 cd 间输出电压 V 正比于 $\Delta R_1/R_1$，即 $V \propto \Delta R_1/R_1$。如此测量 R_1 电阻变化分量是完全可行的。如果连续记录 V 变化值，即能求出应变片 R_1 随时间的动态变化值。而动态电阻应变仪就能将其信号放大，根据 $I = V/R$ 关系，转换为电流形式传输给电流表指示器或记录器（示波器）。

根据测试和记录结果要和相应的试验条件进行适当的刻度标定。其方法是大多在力学试验机上用已知"标准力"对机械转换器进行核定。以便使得两者之间换算关系准确。所以标定工作十分重要。其准确与否将直接影响测定结果的可靠性。电阻应变片除了采用普通金属材料外，目前已大量采用半导体材料，其特点是电阻变化比金属大 100 倍以上，所以可检测小到 1×10^{-6} 的应变。近年来应用 IC 集成电路工艺制成的半导体压力传感器，正在日益受到人们的关注。

5.4.2 滚珠旋压力的直接测量

旋压力 P 是诸多工艺参数中最为重要的一个参数。因为旋压力的大小直接决定了旋压机承载负荷的能力。由于测量总旋压力 P 十分困难，通常以分别测量 P_r、P_z 和 P_t 三个分力的方法来进行。

图 5-26 所示是用来测量滚珠旋压筒形件（管形件）的旋压分力 P_r、P_z 的试验装置。

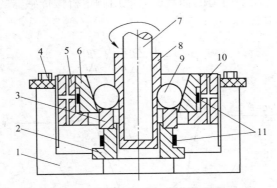

图 5-26　滚珠旋压力的测量装置

1—旋压模外套；2—滚珠支承座；3—模环；4—锁紧螺钉；5—调节套；6—凹模；
7—芯模；8—筒形件；9—滚珠；10—孔道；11—电阻应变片

　　支承座 2 是作为测轴向力 P_z 的传感器，它支承在模环 3 和旋压模外套 1 之间。在其外周面对称粘贴四片串联的应变片 11。在凹模 6 的外侧面同样粘贴应变片 11，用来测试径向力 P_r。把相应的电阻应变片连接成桥式电路。电路引线通过孔道 10 引出。在测试旋压力之前把测力装置在试验机上标定和测试。其操作方法是把一根淬火后带小锥角的芯棒插入测试模具的滚珠之间加压进行标定。假定标定负荷均匀地分配给每个滚珠，则一个滚珠承受的轴向负荷 $P'_{z标}$ 和径向负荷 $P'_{r标}$ 分别为：

$$P'_{z标} = P_标/m_0 \qquad\qquad P'_{r标} = P_标/m_0\tan\alpha$$

式中　　α——标定锥形棒的半锥角；

　　　　$P_标$——加在标定棒上的轴向力；

　　　　m_0——滚珠数量。

　　通过施加不同大小的轴向力 $P_标$，核定测力系统电压、电流变化曲线来标定其测试时的标准值。

　　图 5 – 27 所示为正旋和反旋时测试的旋压力示波图。在旋压的初始阶段 P_r 和 P_z 都有一个突变尖峰值，而在其后过程中 P_r 和 P_z 值几乎不变。图 5 – 28 所示为进给量 f 对一个滚珠的轴向力 P_z 和径向力 P_r 的影响曲线。

　　对滚珠旋压切向力的标定，只能用测定机械传感器的消耗功率的间接办法确定。

$$P'_{t标} = \frac{1.95 \times 10^6 \eta N'}{nm_0(D_0 - \Delta t)}$$

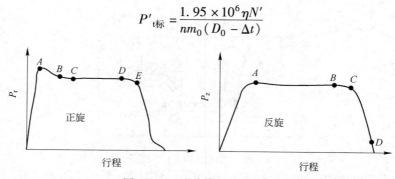

图 5 – 27　滚珠旋压力示波图

式中 η——消耗于摩擦的效率（与负荷有关，$\eta = 0.85 \sim 0.95$）；

N'——主轴传动功率，kW；

n——主轴转速，r/min；

D_0——管坯外径，mm。

主轴的扭矩用下式近似计算：

$$M_t = BP_t D_0 / 2$$

式中，$B = 1.2$（安全系数）。

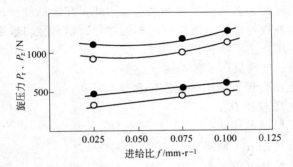

图 5-28 单个滚珠正反旋压力与进给比的关系

（材料：AMr-5，$t_0/D_f = 0.03$，$t_0/D_p = 0.157$，$n = 100$r/min）

●—反旋；○—正旋

6 滚珠旋压工艺参数对加工过程的影响及确定

6.1 影响滚珠旋压工艺的参数及选择原则

滚珠旋压作为旋轮强力变薄旋压的特例及演变，具有不同于旋轮的结构特点和相关参数的选择和确定。因此，在滚珠旋压过程中影响加工的工艺参数与旋轮变薄旋压有相近之处，也有独自成形特点，这也是其他旋压方法不能替代的原因。

影响滚珠变薄旋压工艺的因素主要有：

（1）旋压变形方向——正旋压和反旋压；

（2）滚珠直径 D_p；

（3）壁厚减薄率 ψ；

（4）旋压角 α（轴向）；

（5）进给比（率）f；

（6）旋压模（或芯模）转速 n；

（7）旋压分力对成形的影响。

这些工艺参数的选择及确定将直接影响变形的全过程，即影响旋压管件的质量、精度、生产效率及旋压力。因此，选择合理的工艺参数是保证优质旋压过程的重要条件。最终目的是取得良好的加工效果：使滚珠旋压工艺能稳定地加工多种材质和多品种规格的管件，生产效率更高，产品精度和表面质量更好，节省原材料，减少旋压过程中剥皮损失等。

6.2 正旋压和反旋压

滚珠变薄旋压通常根据管坯的形式及成形零件的形状特点可选择正旋压和反旋压两种方法。其原理如图 6－1、图 6－2 所示。

管（筒）坯带底或端部收口时一般采用正旋压法。

管坯内壁为直母线时则多采用反旋压法。旋压外壁多台阶、形状复杂的产品时，由于反旋压的各部分长度尺寸难以控制，故多采用正旋压法。

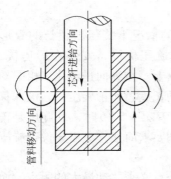

图6-1 滚珠正旋压示意图

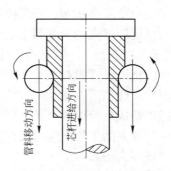

图6-2 滚珠反旋压示意图

6.2.1 正旋压的变形特性

正旋压管形件时，变形后的金属向未成形的自由端流动，变形阻力较小，故不会在滚珠前产生金属堆积。旋压后管件贴模性好，因而管件成品内径和椭圆度偏差较小。所以在尺寸精度和表面粗糙度要求较高时，尽量采用正旋法是较理想的选择。

但是正旋压过程中所需变形扭转力矩 M_t 是由已旋压的壁部传递的。扭转力矩 M_t 随着变薄率 ψ 的增大而增大，当变薄率 ψ 过大时容易引起管件相对芯模的相对运动，造成管件扭曲和内壁划伤。同时，变薄率 ψ 过大（大于70%~80%）、成品壁厚较薄时（小于0.2mm），已旋压出的壁部不能承受过大的拉应力而拉断。此外正旋压管形零件受芯模长度和机床纵向进给行程限制，不能使旋压管件过长。

6.2.2 反旋压的变形特性

反旋压管形件时，已旋压的管件流动方向与正旋压相反，它推动已贴模的管件朝着滚珠进给的反向流动。从图5-1变形力学分析可知，虽然筒形件变薄旋压都处于三向应力状态，但是正旋压是两向压应力、一向拉应力，而反旋压是处于三向压应力状态。因此，反旋压时材料呈现出塑性指标更好，使旋压单道次的变薄率 ψ 更大。而且，已旋出的管件不承受拉应力，更能旋压极薄的零件。如固溶热处理的不锈钢管管坯在 $\phi5.5mm \times 0.5mm$ 时，应用 $\phi4mm$ 滚珠反旋时一道次可旋压出壁厚 0.07mm 极薄管件。

反旋压可在芯模和设备行程较短的情况下旋压出超长的管形件（大于芯模长度）。如有的厂家把立式旋压机设备安装在厂房楼上，使反旋压管件穿过楼板，可长达 3m 以上。在纵向进给率 f 相同的条件下，反旋压滚珠移动的行程是管坯的长度，而正旋压时，滚珠移动的行程是成品管件的全长。例如在变薄率 $\psi = 50\%$ 时，反旋压是正旋压生产效率的 1 倍。同时反旋压对管坯要求简便，不需要像正旋压时对管坯端头的收口工序。

然而反旋压时，由于最初旋压的质点必须移动最大的距离，而不像正旋压出的管件贴模不动，所以反旋压的管件直线性受影响。反旋压时的周向拉应力大于正旋压易产生扩径现象。根据生产实践统计，在相同工艺参数下，对于小直径薄壁管（$\phi 30mm$ 以下）反旋压内径通常比正旋压内径大 0.005 ~ 0.03mm。从图 5-23 变形摩擦力状态可知，反旋压时滚珠与管材的摩擦力及管材与芯模摩擦力 f，不利于管件的流动。所以，反旋压时比正旋压更易在滚珠前形成金属堆积，使旋压力增大，也会导致旋压精度变差。

6.3 滚珠直径（D_p）影响与选择

6.3.1 滚珠直径（D_p）对管件表面粗糙度的影响

采用滚珠旋薄除了要达到产品正确几何尺寸之外，产品表面质量也是所要求的重要指标之一。滚珠直径的大小对表面质量的影响，可从一个滚珠旋压的变形示意图 6-3 来显示，滚珠旋转一周在管形件表面形成压痕，图中黑色阴影区域表示管形件压痕示意图。

从图 6-3 中几何关系可推导出：$f = 2\sqrt{2hr - h^2}$，通常 h 很小，h^2 可忽略不计。

所以
$$f = \sqrt{8hr}, \text{ 则 } h \approx \frac{f^2}{8r_p} \qquad (6-1)$$

式中 h——表面不平度，mm；

f——滚珠进给量，mm；

r_p——滚珠半径，mm。

从式（6-1）可看出：产品表面不平度 h 与进给量 f^2 成正比，与滚珠半径 r_p 成反比。因而，进给量 f 越小、滚珠直径越大时，产品表面粗糙度越好。同时，从图 6-4 也可看出：当进给量 f 相同时，大直径滚珠不平度 h_2 小于小直径滚珠不平度 h_1。在滚珠旋压过程中，也同样证明式（6-1）的可靠性。例如旋薄蒙耐尔 NCu40-2-1 管。其参数为 $D_0 = \phi 9.3\text{mm}$，$t_0 = 1.3\text{mm}$，$t_f = 0.3\text{mm}$，$f = 0.08\text{mm/r}$。分别选用滚珠直径为 $\phi 8\text{mm}$、$\phi 12\text{mm}$、$\phi 13.5\text{mm}$ 进行反旋压。对旋压后的表面进行显微检测，结果列于表 6-1 中，也进一步验证了在其他工艺参数相同时，滚珠直径大小对管件表面质量的影响。

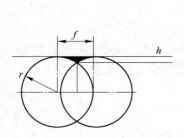

图 6-3　单滚珠旋压不平度示意图

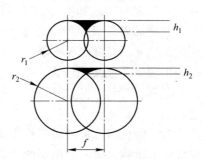

图 6-4　滚珠直径不同旋压不平度示意图

表 6-1　滚珠直径对管件表面粗糙度的影响

滚珠直径/mm	测量图示	最大不平度/μm	表面粗糙度
$\phi 8$	h_1　0.6mm	$h_1 = 3.5$	$\frac{6}{\nabla}$
$\phi 12$	h_2	$h_2 = 2.1$	$\frac{7}{\nabla}$
$\phi 13.5$	h_3	$h_3 = 0.2 \sim 0.4$	$\frac{9}{\nabla}$

6.3.2 滚珠直径对管件表面产生剥皮的影响

在滚珠旋薄过程中，如果滚珠大小选择不当，或工艺参数确定不当，往往会在旋压表面产生各种不同形式的剥皮损失。这些损失严重时剥皮量可达管坯质量的 20% 以上。这就需要操作者在合理工艺参数范围内选择滚珠直径。然而，在管坯确定后，为了加工出合格质量的管件及减少加工道次，出现允许的剥皮量也是合理工艺的选择。甚至有的厂家在旋薄生产中有意生成开裂性剥皮，此剥皮再轧制成另外薄带产品，做到两全其美。图 6 – 5 所示是在滚珠旋薄过程中经常在金属管件表面出现的剥皮情况（图中 a ~ f）。

旋薄后管件表面可分为整体剥皮 a、开裂剥皮 b、末屑剥皮 c、可见螺旋纹 d、表面粘有剥落末屑 e 以及不明显的裂纹 f 等。在生产实践中出现 a 为剥皮损失大，d、e 为表面质量不好，f 为零件旋裂，这些情况都应尽量避免。而 b、c 两种情况是旋薄工艺允许存在的加工过程。

为了验证滚珠直径对管件表面剥皮量的影响，我们选用了两种退火状态不同的材料：无氧铜和不锈钢 1Cr18Ni9Ti 管材，管坯为 ϕ10mm × 1mm，工艺参数中，旋压方式、减薄率 ψ、进给率 f 相同。而选用滚珠直径分别为 ϕ5mm、ϕ6mm、ϕ8mm、ϕ12mm。

试验结果列于表 6 – 2 中。通过分析比较可得出如下结论：

（1）虽然两种材料软硬及变形抗力不同，但小直径滚珠比大直径滚珠更容易产生剥皮。

（2）相同滚珠直径，软材质无氧铜比硬材质不锈钢更容易产生剥皮。

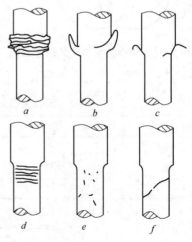

图 6 – 5 管件表面剥皮状态图
a—整体剥皮；b—开裂剥皮；
c—末屑剥皮；d—明显螺旋纹；
e—粘有末屑；f—可见不明显裂纹

（3）对同一坯料，变形参数相同时，直径相对大的比直径小的滚珠表面粗糙度更好。小直径滚珠易在表面产生螺旋纹，影响表面粗糙度。但是有剥皮产生，会使管件表面光亮。相对大的滚珠直径，会使管件表面平整，表面粗糙度好。但若选择不当，不剥皮有时会产生表面鱼鳞片以及沫屑粘附物，又会影响表面粗糙度。

（4）选取滚珠直径过大时，成品管壁太薄（$t_f < 0.3\,mm$）易产生裂纹。材料塑性不好，越硬、越薄，越不能选用大直径滚珠。

（5）在进给量 f 相同时，反旋压比正旋压更易产生剥皮。进给量 f 越小，越易产生剥皮。

（6）原始坯料管的壁厚 t_0 越厚，减薄率 ψ 越大，越容易产生剥皮。

表6-2 滚珠旋压工艺参数实例

序号	材料	状态	旋压方式	毛坯尺寸/mm×mm	滚珠直径/mm	减薄率 ψ/%	进给量 f/mm·r^{-1}	旋后尺寸/mm×mm	剥皮状况	旋压角 α/(°)	表面质量分析
1	无氧铜 TU	软	反旋	$\phi 10 \times 1$	$\phi 5$	75	0.08	$\phi 8.5 \times 0.25$	整体剥皮	45	螺旋纹，表面粗糙度一般
2	不锈钢 1Cr18	软	反旋	$\phi 10 \times 1$	$\phi 5$	75	0.08	$\phi 8.5 \times 0.25$	开裂剥皮	45	轻微螺纹，表面粗糙度一般
3	TU 无氧铜	软	反旋	$\phi 10 \times 1$	$\phi 6$	75	0.08	$\phi 8.5 \times 0.25$	整体剥皮	42	表面粗糙度较好
4	不锈钢 1Cr18	软	反旋	$\phi 10 \times 1$	$\phi 6$	75	0.08	$\phi 8.5 \times 0.25$	开裂剥皮	42	表面粗糙度很好
5	无氧铜 TU	软	反旋	$\phi 10 \times 1$	$\phi 8$	75	0.08	$\phi 8.5 \times 0.25$	少量剥皮	35.5	表面粗糙度很好

续表 6 – 2

序号	材料	状态	旋压方式	毛坯尺寸/mm×mm	滚珠直径/mm	减薄率 ψ /%	进给量 f /mm·r^{-1}	旋后尺寸/mm×mm	剥皮状况	旋压角 α /(°)	表面质量分析
6	不锈钢 1Cr18	软	反旋	$\phi10\times1$	$\phi8$	75	0.08	$\phi8.5\times0.25$	无剥皮	35.5	有沫屑粘附物,表面粗糙度一般
7	无氧铜 TU	软	反旋	$\phi10\times1$	$\phi12$	75	0.08	$\phi8.5\times0.25$	轻微剥皮	29	表面有不明显裂纹
8	不锈钢 1Cr18	软	反旋	$\phi10\times1$	$\phi12$	75	0.08	$\phi8.5\times0.25$	无剥皮	29	表面明显开裂报废

　　通过上述的感性分析,知道了在滚珠旋薄时,在保障合格质量的前提下,为了避免剥皮的产生或控制剥皮量,选取滚珠的原则是在确定减薄率后,尽量选取较大的滚珠直径。

　　图 6 – 6 所示为尺寸 $\phi14mm\times1mm$ 不锈钢管经 50% 的减薄率,分别选用滚珠直径为 $\phi10mm$ 和 $\phi6mm$ 旋压后的实体照片。选用大直径滚珠不产生剥皮,而选用小直径滚珠旋薄后则产生菊花瓣形剥皮,见图 6 – 6 中的右侧管件。

　　因为过多的剥皮堆积会造成管坯材料的浪费,若滚珠选取不当,剥落的碎屑粘附在管件表面上,会影响表面质量,剥皮堆积过多也会导致冷却润滑不充分,使滚珠和模具发热,加剧磨损。同时过多的剥皮堆积还会使减薄率进一步增大,旋压轴

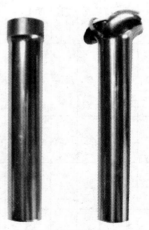

图 6 – 6　不同滚珠直径对剥皮的影响

向分力也增大，引起管件拉断，导致旋压不能正常进行。

6.3.3 滚珠直径的确定

根据图 2-2 所示的旋压角 α 与滚珠直径 D_p 及减壁量 Δt 之间的函数关系：

$$\cos\alpha = 1 - \Delta t / R_p$$

图 6-7 所示曲线表示滚珠直径 D_p 与旋压角 α 的对应关系。从图中可以看出，随着旋压角的增大，滚珠直径逐渐减小。而且滚珠直径是绝对减壁量 Δt 的倍数值。根据滚珠旋薄成形原理和生产实践，因为滚珠旋薄管材多用于中小直径薄壁管，而选择滚珠直径一般为 $\phi 3 \sim 20\,\text{mm}$，因此，滚珠直径确定可按滚珠直径 D_p 与旋压角 α 的对应关系分为四个工作区，即不均匀变形区、稳定变形区、临界变形区和产生剥皮变形区。

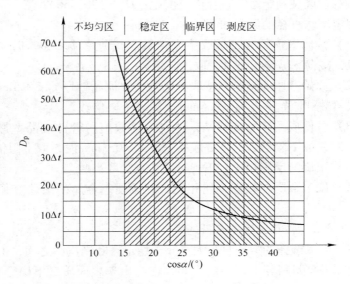

图 6-7 滚珠直径 D_p 与旋压角 α 关系图

6.3.3.1 不均匀区滚珠直径选择

该区域的特点是道次减薄率 ψ 多在 15% 以下，通常管形件在此区域产生表层的不均匀变形，也是滚珠旋薄不经常采用的区域。除非特定的工件要求而选定滚珠直径来完成旋压加工。例如，多道次旋薄的最终道次的整形、特定性能要求及提高表面质量的应用。又如在对塑性差的粉末冶金成型难熔金属管坯的初始道次也不易采用过大的减薄率，否则易产生管件开裂。在此区域内滚珠直径多选择在绝对减壁量的 50 倍以上，即 $D_p \geqslant 50 \sim 60\Delta t$。在成品管件壁厚 $t_f > 0.3\text{mm}$ 时，往往滚珠直径 $D_p \geqslant 10\text{mm}$ 居多。

6.3.3.2　稳定区滚珠直径选择

在稳定区选择滚珠直径是管材旋薄加工常用的选择形式。通常在此区域内确定滚珠大小后旋薄管件不易产生剥皮损失，变形过程稳定，旋后表面质量及尺寸精度高。在旋薄实践中发现在成品管件壁厚 $t_f > 0.3\text{mm}$，原始管坯 $t_0 > 0.5\text{mm}$ 时，选取滚珠直径多在 $D_p \leqslant 10\text{mm}$ 范围内。

在稳定区域确定滚珠直径值范围是：$D_p = (20 \sim 50)\Delta t$。

确定滚珠直径的原则如下：

（1）减薄率 ψ 越大，越取下限倍数。减薄率 $\psi < 40\%$ 时，取上限倍数；减薄率 $\psi > 40\%$ 时，取下限倍数。

（2）原始壁厚 t_0 越厚，越取大倍数值。原始壁厚 $t_0 < 0.5\text{mm}$ 时，取下限倍数；原始壁厚 $t_0 > 0.5\text{mm}$ 时，取上限倍数。

（3）管件成品壁厚 t_f 越厚，越取大倍数值。管件成品壁厚 $t_f < 0.3\text{mm}$ 时，取下限倍数；管件成品壁厚 $t_f > 0.3\text{mm}$ 时，取上限倍数。

（4）正旋与反旋相比，正旋时滚珠直径取小些。

（5）硬态金属与软态金属相比，旋压硬态金属的滚珠直径取小些。

6.3.3.3　临界区滚珠直径选择

在该区域选择的滚珠直径大小介于稳定区和剥皮区之间，由于该区域旋压根据材料和工艺参数不同经常会出现表面质量不稳定状态，所以称为临界区。多为可能产生剥皮或不产生剥皮的不稳定区域。有时产生剥落末屑会落入变形区被挤压到管件表面形成起皮缺陷。在该区域滚珠直径确定范围是：$D_p = (13 \sim 20)\Delta t$。操作者在滚珠旋薄加工时应尽量避开在这个范围选择。

6.3.3.4 剥皮区滚珠直径选择

在该区域滚珠直径确定范围是：$D_p = (8 \sim 13) \Delta t$。由于滚珠旋薄工艺的特点是允许有较大的道次减薄率，最大道次减薄率有时可达到80%以上。这样可以大大提高生产效率。然而选取较大的道次减薄率ψ会导致成形角α加大，根据图6-7中曲线规律可知此时确定的工艺往往超过正常的稳定区。因为若改变工艺参数在稳定区旋压就必须加大滚珠直径。而在旋薄成品壁厚小于0.3mm以下时，较大滚珠直径往往会导致管件裂纹或开裂。而减小滚珠直径使旋压角α增加到某一定值，即在剥皮区旋压加工会产生剥皮、表面光亮的合格管件。表6-3中列出用ϕ14mm × 1mm 不锈钢管，单道次反旋旋薄到0.3mm，选用不同滚珠直径时的旋压结果。当选择$17\Delta t = \phi$12mm滚珠时表面呈微裂纹，当选择$13\Delta t = \phi$9.5mm滚珠时表面良好并有少量剥皮。如果滚珠直径选择$11\Delta t = \phi$8mm时也旋出合格管件，但产生了大量整体剥皮。

我们可以适当控制滚珠直径及其他工参数，减少剥皮损失。但是在剥皮区确定滚珠直径旋压可减少旋压道次、提高生产效率，因此也是操作者经常采用的工艺手段。

表6-3 滚珠直径的选择对管件成形的影响比较

（不锈钢 ϕ14mm × 1.0mm，$t_f = 0.3$mm，$f = 0.06$mm/r）

旋压角 α/(°)	减壁量倍数（Δt）/mm	滚珠直径 D_p/mm	旋后结果	分　析
25	$20\Delta t$	ϕ14	表面明显开裂	无剥皮，不适合选择
28	$17\Delta t$	ϕ12	表面微裂	微量屑，不适合选择
31.5	$13\Delta t$	ϕ9.5	表面良好，光洁平整	有少量剥皮，最佳选择
34.5	$11\Delta t$	ϕ8	表面良好，光亮	有大量整体剥皮，可以选用

6.4 旋压角 α 对旋压过程的影响与确定

6.4.1 旋压角 α 分析

图 6-8 所示为滚珠轴向变形图。根据几何关系有如下方程式：

$$\cos\alpha = 1 - \Delta t / R_\mathrm{p} \qquad (6-2)$$

式中，α 为滚珠与管坯接触面产生的中心夹角，即旋压成形角；Δt 为绝对压下量；R_p 为滚珠半径。

式（6-2）转换后为：

$$\alpha = \arccos\frac{R_\mathrm{p} - \Delta t}{R_\mathrm{p}} = \arccos\left(1 - \frac{2\Delta t}{D_\mathrm{p}}\right) \qquad (6-3)$$

滚珠直径 D_p 为：

$$D_\mathrm{p} = 2R_\mathrm{p} = \frac{2\Delta t}{1 - \cos\alpha} \qquad (6-4)$$

从式（6-2）可知旋压角 α 与绝对压下量 Δt 及滚珠半径 R_p 呈函数关系。即在 Δt 确定后，滚珠半径 $R_1 > R_2$ 时，则旋压角 $\alpha_1 < \alpha_2$。

在滚珠旋薄生产实践中，往往是管坯和成品尺寸已定，此时选取

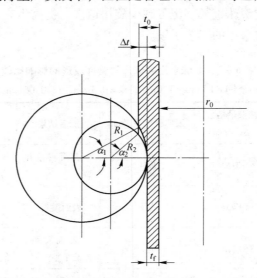

图 6-8 不同滚珠直径的旋压角轴向变形图

最重要的工艺参数即是滚珠直径，它的大小直接影响旋压角 α 的大小。如何确定旋压角 α 是管形件旋薄最重要的工艺参数选择。

滚珠旋薄管材与拉拔管减壁有相近的变形原理，可以理解是长芯杆拉管进一步发展的衍生形式。图 6-9 示出了长芯杆拉拔管材与滚珠旋薄变形示意图。

拉拔管材的凹模通常具有合理的拉拔成形角 β，β 角过小会使管坯与拉模壁的接触面积增大，摩擦力加大。β 角过大也不利，因这会使金属在变形区中的流线急剧转弯，导致附加剪切变形增大，继而使拉拔力增大。拉拔模模角 β 越大，单位正压力也越大，不利于润滑剂在变形区附着。实际上拉拔模模角存在一最佳区间，在此区间拉拔力最小，也最能充分利用金属塑性提高道次加工率。生产经验和实验证明，拔制管材最佳模角 β 为 7° ~ 13°。

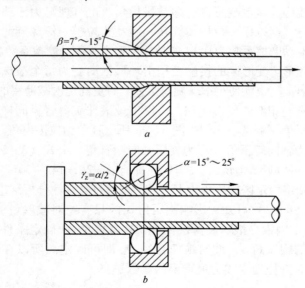

图 6-9　拉拔模角与旋薄成形角的关系图
a—长芯杆拉拔；b—滚珠反旋压

压力加工普通拔管工艺中，其滑动摩擦系数为 0.14 左右，消耗坯料与拉拔模具外表面摩擦力约为拉拔力的 30% 以上。在生产实践中，为了减少摩擦力不利影响，降低拉拔力，提高道次加工率，人们不断改进工艺方法。其中旋转式和滚动式拉拔模在工业生产中都得到了实际应用。因为用固定模拉拔时，变形金属质点运动速度的方向、摩擦力的方向与拉拔力的方向一致。而当拉拔模旋转时，变形质点与拉拔模孔的相对位移会在与拉拔轴线呈一定的变形夹角的条件下发生。其结果是用旋转模时的拉拔力一定小于用固定模时的拉拔力。而一对圆孔型辊式模构成组合模时其拉拔力比常规拉拔模小得多，这是由于辊式模是滚动摩擦的结果。而拉拔中辊动模就是用滚动摩擦代替金属对拉模表面的滑动摩擦，从而降低对模子表面的外部摩擦，可使道次加工率提高到30%～40%。

滚珠旋薄管形件和减壁拉拔管工艺，两者之间有相似的变形方式和机理，滚珠旋薄可以理解为拉拔管材时的辊动旋转模变形，即为由众多连续高速滚动的滚珠半径为圆弧所构成的旋转滚动拉拔凹模。其滚珠弧线就构成接触变形区，即拉拔模角。也可理解为滚珠旋薄管形件是从管材减壁拉拔→拉拔模旋转→滚动式拉模→滚珠旋薄的发展过程。即由滑动摩擦系数为0.14的拉拔变形变为滚动摩擦系数为0.03的滚珠旋薄变形。变形区的接触面积由环形锥面变为每个滚珠逐点接触的微小压痕。这也就使得滚珠旋薄工艺具有更高道次减薄率的原因。

由于它们相似的变形机理，可以推理滚珠旋薄管材同样存在一个合理的旋压角 α 的选择区间。图 6 – 9a 所示 β 角为拉拔模角。图 6 – 9b 所示 α 角为轴向旋压角，γ_z 为旋压轴向啮合角。由式（2 – 5）可知有 $\gamma_z = \alpha/2$，可以近似地认为：$\beta = \gamma_z$，即有 $\alpha \approx 2\beta \approx 14° \sim 30°$。根据长期生产实践确定稳定区旋压角为 15° ～ 25° 也是符合理性分析结论的。

由式（6 – 2）可知，影响旋压角 α 的只有绝对减壁量 Δt 和滚珠半径 R_p 两个因素。滚珠旋薄操作中，在减壁量 Δt 确定条件下，保证合理稳定的旋压角 α，此时滚珠直径 D_p 即可确定。所以在滚珠旋薄工艺中滚珠直径确定成为最重要的参数选择。

6.4.2 旋压角 α 的应用选择

当旋压角 α 选择为 15° ～ 25° 时，根据式（6 – 2）可得出 $\Delta t / R_p \approx$ 0.03 ～ 0.1。经转换得出滚珠直径 $D_p \approx (20 \sim 60) \Delta t$。通常在此范围内选取滚珠直径是合理旋压角参数选择（见表 6 – 4）。表 6 – 5 列出了生产中不产生剥皮的加工实例。表中材料不同、状态不同、进给量不同、直径壁厚不同、变薄率不同。但基本上不产生剥皮或仅形成微量剥皮，旋压后的表面质量良好。此时的旋压角 α 都在应选择的 15°~25°范围内。

表 6-4 旋压角（轴向）α 选择范围

旋压角 cosα	区 域	特 征
<15°	表面变形区	不均匀变形
15°~25°	稳定区	无剥皮
25°~30°	临界区	表面易产生末屑
30°~45°	剥皮区（光亮区）	产生剥皮

表 6-5 无剥皮旋压工艺参数加工实例

序号	材 料	状态	旋压方式	毛坯尺寸 /mm×mm	滚珠直径 /mm	减薄率ψ /%	进给量/ mm· r⁻¹	旋后尺寸 /mm×mm	剥皮状况	旋压角α /(°)	表面质量分析
1	H62	软	正旋	φ36.6×1.5	φ11	33	0.10	φ35.6×1.0	微量屑	25	表面质量好
2	Ni	软	正旋	φ12×0.5	φ6.5	50	0.08	φ11.5×0.25	无剥皮	23	表面质量良好
3	NCu40-2-1	半硬	反旋	φ9.5×0.4	φ6	62	0.06	φ9×0.15	无剥皮	23.8	表面质量良好
4	Ni	半硬	正旋	φ11.5×0.25	φ6	40	0.08	φ11.3×0.15	无剥皮	15	表面质量良好
5	1Cr18Ni9Ti	软	反旋	φ14.1×1.0	φ10	50	0.04	φ13×0.5	微量屑	25	表面质量好
6	1Cr18Ni9Ti	软	正旋	φ14.1×1.0	φ10	50	0.04	φ13×0.5	无剥皮	25	表面质量好
7	TU	软	反旋	φ14.1×1.0	φ10	50	0.04	φ13×0.5	整体剥皮	25	光亮，有微螺旋纹
8	TU	硬	反旋	φ14.1×1.0	φ10	25	0.04	φ13.5×0.75	少整体剥皮	18.2	光亮
9	1Cr18Ni9Ti	软	反旋	φ14.1×1.0	φ10	25	0.04	φ13.5×0.75	无剥皮	18.2	表面质量很好

序号	材料	状态	旋压方式	毛坯尺寸 /mm×mm	滚珠直径 /mm	减薄率 ψ /%	进给量/ mm·r^{-1}	旋后尺寸 /mm×mm	剥皮状况	旋压角 α /(°)	表面质量分析
10	1Cr18Ni9Ti	软	反旋	ϕ14.1× 1.0	ϕ 12.7	50	0.04	ϕ13× 0.5	无剥皮	23	表面质量很好
11	TU	软	反旋	ϕ14.1× 1.0	ϕ 12.7	50	0.04	ϕ13× 0.5	开裂剥皮	23	表面质量很好
12	NCu40-2-1	软	反旋	ϕ8× 0.5	ϕ6	60	0.04	ϕ7.4× 0.2	无剥皮	21	表面质量很好

（1）壁厚减薄率通常在 50% 以下；

（2）相对大直径管坯，滚珠直径相对取大些；

（3）原始管壁较薄（<0.5mm）时，滚珠直径取较小值；

（4）成品壁厚较薄（<0.3mm）时，滚珠直径取较小值；

（5）当旋压角 α < 15°时，往往会产生管件表皮变形，致使变形不均匀；

（6）在工艺允许的条件下，应尽可能把旋压角 α 控制在 15° ~25°。

然而，由于滚珠旋薄管材的独有特性，它比其他拉拔、轧制管材工艺具有更大的道次减薄率，对于常态塑性好的金属材料单道次减薄率 ψ 可以达到 70% ~80% 以上。因此，操作者经常在管坯和管件成品外径决定后，采用单道次加工成形，以提高生产效率。然而，前述滚珠旋薄的旋压角 α 有选取确定的理想范围。若加大壁厚减薄率 ψ，在选取滚珠直径 D_P 受到限制时，必然会导致旋压角 α 的增大及管件的剥皮损失增加。同时，其他工艺参数选择不当会产生管件表面开裂或拉断。这些都是操作者不希望发生的，但是操作者可权衡利弊，既保障产品质量、提高旋压效率，又适当控制剥皮量，可以选取较大的旋压角 α。表 6 -6 列出了在生产实践中有剥皮产生的旋压工艺参数加工实例。

从表 6 -6 中可发现有如下规律：

（1）剥皮都产生了开裂性或整体剥皮损失；

（2）管件表面质量良好，由于有剥皮生成，表面更光亮，道次

减薄率 ψ 多在 50% ~60% 以上；

（3）旋压角 α 控制在 30°~45°；

（4）旋压角 α 在 25°~30°是两选择区的过渡临界区，因为容易产生剥落末屑，不建议采用。

表 6-6　有剥皮的旋压工艺参数加工实例

序号	材料	状态	旋压方式	毛坯尺寸 /mm×mm	滚珠直径 /mm	减薄率ψ /%	进给量 /mm·r⁻¹	旋后尺寸 /mm×mm	剥皮状况	旋压角α /(°)	表面质量分析
1	TU	软	反旋	$\phi14\times1$	$\phi8$	50	0.04	$\phi13\times0.5$	整体剥皮	29	良好，无螺旋纹
2	1Cr18Ni9Ti	软	反旋	$\phi14\times1$	$\phi8$	50	0.04	$\phi13\times0.5$	开裂剥皮	29	良好，无螺旋纹
3	TU	软	反旋	$\phi14\times1$	$\phi6$	50	0.04	$\phi13\times0.5$	整体剥皮	33.5	良好
4	1Cr18Ni9Ti	软	反旋	$\phi14\times1$	$\phi6$	50	0.04	$\phi13\times0.5$	开裂剥皮	33.5	良好
5	TU	软	反旋	$\phi14\times1$	$\phi4$	50	0.04	$\phi13\times0.5$	大量整体剥皮	41.4	光亮
6	1Cr18Ni9Ti	软	反旋	$\phi14\times1$	$\phi4$	50	0.04	$\phi13\times0.5$	大量开裂剥皮	41.4	光亮
7	1Cr18Ni9Ti	软	反旋	$\phi15\times1$	$\phi7$	80	0.03	$\phi13.4\times0.2$	大量开裂剥皮	40.5	光亮，剥皮重20%
8	1Cr18Ni9Ti	软	反旋	$\phi4.8\times0.4$	$\phi3$	75	0.03	$\phi4.3\times0.15$	大量开裂剥皮	33.5	光亮，有细纹，剥皮重20%
9	1Cr18Ni9Ti	软	反旋	$\phi34.2\times2$	$\phi10.3$	50	0.10	$\phi32\times1$	整体剥皮	36.8	良好，剥皮重15%
10	NCu40-2-1	软	反旋	$\phi5.9\times0.8$	$\phi5$	75	0.04	$\phi4.4\times0.2$	整体剥皮	40.5	光亮，有细纹

序号	材料	状态	旋压方式	毛坯尺寸 /mm×mm	滚珠直径 /mm	减薄率 ψ /%	进给量 /mm·r^{-1}	旋后尺寸 /mm×mm	剥皮状况	旋压角 α /(°)	表面质量分析
11	TU	软	正旋	$\phi76\times2$	$\phi11.1$	50	0.05	$\phi74\times1.0$	开裂剥皮	35	良好
12	NCu40 - 2 - 1	软	反旋	$\phi13\times1$	$\phi9$	70	0.04	$\phi11.6\times0.3$	开裂剥皮	33.3	良好
13	1Cr18Ni9Ti	软	正旋	$\phi14.6\times1$	$\phi7$	55	0.04	$\phi13.4\times0.45$	开裂剥皮	32.6	光亮
14	TU	软	正旋	$\phi44\times2$	$\phi10$	50	0.06	$\phi42\times1$	整体剥皮多	35	良好
15	NCu40 - 2 - 1	软	反旋	$\phi10.7\times1$	$\phi8$	60	0.04	$\phi9.5\times0.4$	整体剥皮	32	光亮,很好
16	QBe2	软	正旋	$\phi20.8\times19.8$	$\phi4$	75	0.03	$\phi20\times0.08$	开裂剥皮	32	光亮

6.5 减薄率 ψ 的确定

6.5.1 减薄率 ψ（塑性指数）的表征

普通塑性加工所用的金属材料都能为滚珠变薄旋压所用。但是在众多的金属与合金中旋压性能有很大区别，有的是在冷态下加工，有的则必须在热态下才能进行变薄旋压。为了表征变形能力需用一塑性指数表示，而减薄率 ψ 即是主要工艺参数的塑性指数之一。它是表征材料在旋压变薄过程中发生永久变形而不损坏整体性的能力。

其表述公式为：

$$\psi = \frac{t_0 - t_f}{t_0} \times 100\% \tag{6 - 5}$$

式中 t_0——管坯原始壁厚；

t_f——管件成品壁厚。

而极限减薄率是材料破裂前所承受的最大减薄率：

$$\psi_{max} = \frac{t_0 - t_{fmin}}{t_0} \times 100\% \tag{6 - 6}$$

极限减薄率取决于金属和合金的化学成分及相的状态，旋压变形的应力状态，金属内部组织的均匀性，变形温度和变形速度，以及周围介质条件对金属性质的影响等因素。因为在其他压力加工中，材料的塑性指数（断面收缩率 ϕ 与减薄率 ψ）相似，所以，在管旋薄生产中估算材料最大减薄率 ψ_{max} 常用以下经验公式。

$$\psi_{max} = \frac{\phi}{0.17 + \phi} \times 100\% \qquad (6-7)$$

式中　　ϕ——金属材料的断面收缩率。

从实际生产中总结的一些有关最大减薄率的经验数据，往往可以帮助我们确定在一定变形条件下的旋压变形量的大致极限。其中最主要的是考虑管件不破裂，保证表面质量和旋压设备所承受的能力。

除一些特殊铝合金外，大多数常用金属材料进行变薄旋压时，一道次的极限壁厚减薄率可以达到 70% ~ 80%。但是，在生产过程中往往是通过多道次累计减薄率而实现成形目的的。同时，考虑到成形管件的精度和表面质量要求，减薄率过大可能带来大量的剥皮损失。有的旋压加工操作者通常把减薄率 ψ 限制在 55% 以下。在多道次旋薄时后期的壁厚减薄率 ψ 可以适当大于初期的减薄率 ψ，这是因为初期旋压道次管坯壁部厚，而后期随着壁部减薄，旋薄过程也不易产生剥皮损失。

总的壁厚减薄率 ψ_0 与各个道次的壁厚减薄率 ψ_i 之间有如下关系：

$$\ln(1 - \psi_0) = \ln(1 - \psi_1) + \ln(1 - \psi_2) + \cdots + \ln(1 - \psi_N) \quad (6-8)$$

式中　　N——道次数。

若设各个道次平均壁厚减薄率为 $\overline{\psi}$，则上式变为：

$$\overline{N} = \frac{\ln(1 - \psi_0)}{\ln(1 - \overline{\psi})} \qquad (6-9)$$

通过式（6-9）可求得平均道次数 $\overline{N}$。

例如，旋薄镍铜合金（NCu40 - 2 - 1）管尺寸为 ϕ12mm × 1.5mm 旋薄至壁厚 0.12mm 时，总减薄率 $\psi_0 = 92\%$，若每道次 $\overline{\psi} = 40\%$ 时，则该产品需要五道次（$N = 5$）成形。根据前述原则，第 4、5 道次可取 45% 的减薄率，而前三道次可取 33% 的减薄率，这样可得到高精度、低表面粗糙度的管件。

6.5.2 减薄率对旋压壁厚偏差精度的影响

在滚珠旋薄管件工艺中，不但有内、外直径尺寸精度要求，而且一些重要零件对管件的壁厚偏差极限也有精度要求。在生产实践中发现壁厚值偏差的大小虽然与原始管坯壁厚偏差值有着密切关系，但是旋压工艺参数减薄率的大小对改善或加大壁厚偏差值有着不可忽视的影响。例如在反旋 NCu40 – 2 – 1 镍铜合金管管坯 ϕ16.65mm × 0.85mm，轴向进给速度 V_Z = 20mm/min，滚珠直径 D_P = 8mm 时，分别采用不同的减薄率，旋压后对管件分段切割多点实测壁厚值。测量结果列于表 6 – 7 中。

表 6 – 7   减薄率 ψ 对管件壁厚偏差的影响

减薄率 ψ/%	平均壁厚 /mm	壁厚上限值 /mm	壁厚下限值 /mm	壁厚偏差值 /mm	结果分析
0	0.84	0.86	0.82	0.045	原始状态
12	0.744	0.78	0.72	0.05	壁厚偏差加大
29	0.592	0.615	0.58	0.035	壁厚偏差减小
48	0.44	0.465	0.418	0.047	壁厚偏差不变
70	0.25	0.285	0.23	0.055	壁厚偏差加大

从表 6 – 7 中可以看出：减薄率在 30% 左右管材旋压壁厚精度最好。这是因为此时旋压角在 20° 左右，是理想的稳定变形均匀状态，也无剥皮产生，使得壁厚偏差值减小。而在减薄率为 12% 时，减薄率较小，金属塑性变形多发生在表层，靠近内表层变形很小，变形不充分，内层金属限制了外层金属的轴向和切向流动，导致壁厚变形不均匀，不能使壁厚偏差值改善。而当减薄率增加到 50% 时，壁厚偏差变化不大，但当减薄率增加到 70% 时，壁厚偏差值又有增大趋势。这是在滚珠前形成过多剥皮引起变形不均匀所致。所以当要求管件有较严格的内、外圆同轴度公差时，应尽量采用中等减薄率的多道次旋压，以满足对管件壁厚精度要求。

滚珠旋压不中间退火极限减薄率 ψ 如表 6 – 8 所示。

表 6 – 8　滚珠旋压不中间退火极限减薄率 ψ

材料类别	材料名称	牌　号	状　态	$\psi/\%$
有色金属及合金	纯铜，无氧铜	T2，TU1	M	88
	黄铜	H96	M	85
		H68	M	74
		H62	M	71
	铅黄铜	HPb63 – 0. 1	M	60
		HPb59 – 1		60
	锡青铜	QSn6. 5 – 0. 1		75
	铍青铜	QBe2		70
	白铜	B30		80
	锌白铜	BZn18 – 18		70
	纯铝	L1	M	85
	防锈铝	LF2		70
		LF6	M	63
		LF21	M	65
	锻铝	LD10		70
		LD1，LD2		75
		LD30		70
	硬铝	LT1	M	33
		LY11	淬火	60
	超硬铝	LC4	室温	14. 5
			加热	75 ~ 85
	镍	N4	M	80
	镍铜合金	NCu28 – 2. 5 – 1. 5	M	85
		NCu40 – 2 – 1	M	85
	工业纯钛	TA1	M	60
	钛合金	TA9	加热	65
		TC4，TC3	加热	75
			室温	38
		TB2	加热	75
		Ti – 451	加热	85
	钼	Mo	加热	60
	钨	W	加热	45
	钽	Ta	M	60
	铌	Nb	M	60
	铌合金	C – 103	加热	60

材料类别	材料名称	牌　号	状　态	$\psi/\%$
黑色金属及合金	碳素钢	08	M	86
	中碳钢	45		65
	锰钢	40Mn2		75
	碳素工具钢	T10		60
	模具钢	4Cr5Mo		60
	合金钢	30CrMnSiA		65
		D406A		75
		D6AE		77
	不锈钢	1Cr18Ni9Ti		85
		1Cr13		65
	铁镍钴	4J29		70

6.5.3　金属材料的可旋性试验

　　金属材料的可旋性是指该材料在承受旋压变形而不破裂的能力。显然，能事先预测给定的管坯在成形变薄的过程中是否能承受作用其上的应变、应力是操作者十分关心的首要问题。除根据积累经验判断外，对某种材料做可旋性试验是一种较好的途径。其方法是可以按每次相同的减薄率进行多道次旋压，直至管件破裂求证极限减薄率。也可以采用图 6 – 10 所示的方法。通过试验使管坯由原始壁厚逐渐变薄到最小，直至破裂。这样可以获得在无破裂的情况下，一道次的最大变薄率 ψ_{max}。锥模 3 的 β 角按 2°～4° 选取。塑性差的材料多在滚珠下发生脆性断裂，塑性好的材料多在滚珠后方发生韧性开裂。

6.5.4　影响可旋性因素的分析

6.5.4.1　影响材料可旋性的内在因素

　　由式（6 – 7）可知，材料的断面收缩率 ϕ 对其可旋性有明显影响，对于断面收缩率 $\phi > 45\%$ 的材料，不管其韧性如何，旋压最大变薄率 ψ 在 80% 以上。而对于断面收缩率 $\phi < 45\%$ 的材料可旋性取决于韧性好坏。材料断面收缩率取决于材料化学成分、金相组织和热处

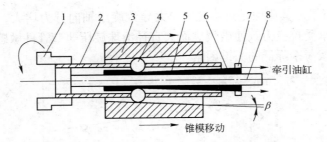

图 6-10 可旋性试验示意图

1—卡盘；2—滚珠架；3—锥模；4—滚珠；5—旋后管件；
6—管坯；7—拉伸卡环；8—芯模

理状态，当冷旋压变薄时，还取决于材料的硬化指数，通常认为塑性好、硬度适当的材料具有良好的可旋性。

同时，多道次旋薄中间不经退火，有时也可达到更高的减薄率。如对 $\phi10 \times 1mm$ 的 Tu 管材，每道次减薄率 $\psi = 25\%$ 时，经过 6 道次加工，壁厚 t_f 达到 0.075mm，其总的减薄率为 93%。其原因是大多数工程材料经高度冷作硬化后仍能保持相当一部分塑性。有时这也是单道次旋压很难达到的。多道次旋压总减薄率可用下式确定：

$$\sum \psi_i = \psi_1 + (1 - \psi_1)\psi_2 + [1 - (1 - \psi_1)\psi_2]\psi_3 + \cdots + (1 - X_{n-1})\psi_n$$

式中　X_{n-1}——前 $n-1$ 项之和。

对于某些塑性差的材料，如难熔金属钨钼钛合金及超硬铝等需要将其加热一定温度后进行热旋减薄加工。

此外，材料成分的纯度及晶粒的大小对材料可旋性也有影响。材料含氧量越高，即氧化物夹杂越多，材料可旋性越差。材质具有均匀细晶粒比粗晶粒可提高减薄率 20%。

6.5.4.2　影响材料可旋性的外在因素

进给比 f 是对材料可旋性影响最显著的因素。一般说来，材料可旋性随着进给量 f 的增大而降低。同时，最大减薄率随着滚珠直径 D_p 增大而降低。在对镍铜合金 NCu40-2-1 进行变薄旋压，$\phi12mm \times 1mm$ 管坯，用 $\phi8mm$ 滚珠，进给比分别为 0.05、0.10、0.20 时可达到的最大减薄率分别为 85%、82%、75%。而在选取不同滚珠直径时，进给比 $f = 0.05mm/r$，试验的最大减薄率变化值如图

6-11 所示。其原因是进给比 f 加大导致旋压轴向分力增大，旋后管件不能承受拉应力致使破裂。而大直径滚珠旋压薄壁管件敏感性是导致最大减薄率降低的关键因素。

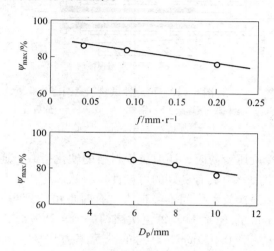

图 6-11 最大变薄率与进给比和滚珠直径的关系

此外，由于外力作用下在材料内部引起的不均匀应力和不均匀变形，也会降低材料的可旋性。进行充分的冷却润滑以改善变形区的摩擦条件，提高机床、工模具精度，对提高变薄率都有着现实意义。

6.6 进给比 f 和进给速度 V_z 的确定

在滚珠旋薄过程中，旋转主轴带动凹模（滚珠）转动一周时，芯模轴线移动的距离称为进给比（率）f，通常以毫米/转（mm/r）表示。

在液压驱动的旋压机中，进给速度 V_z 表示单位时间内油缸活塞杆带动芯模移动的距离。通常以 mm/min 表示。

在滚珠变薄旋压过程中，滚珠在凹模中由电机驱动以转速 n 绕管件公转。此时周向的旋压速度 V_0 是滚珠与管件接触点的线速度，在旋薄筒形件时 V_0 为一常值。

它的表达式为：

$$V_0 = \pi D_0 n \tag{6-10}$$

式中　　D_0——管坯直径，mm；

n——凹模座转速，r/min。

进给比表达式为：

$$f = V_z/n \tag{6-11}$$

此时，f 为名义进给比，反旋压时实际进给比等于名义进给比，而正旋压时实际进给比小于名义进给比。例如减薄率为 50% 时，相同的名义进给比条件下，正旋压时实际进给比仅是名义进给比的一半。

又因为滚珠旋压凹模座布满 m 个滚珠，则每个滚珠的进给比为：$f' = f/m$。

在滚珠旋薄工艺中，进给速度 V_z 和凹模座转速 n 是旋压机的最主要的运动参数，而进给比 f 又是旋薄的重要工艺参数之一。它的大小对能否保障变形过程正常进行，以及对生产效率、旋压力、加工精度和表面质量等均有很大影响。

生产实践中发现进给比的变化对管件有如下影响：

（1）过分追求生产效率，加大进给比，会导致在管件外表面留下明显螺纹痕，使管件表面粗糙度下降。如对 $\phi 8mm \times 1mm$ 不锈钢管应用 $\phi 6$ 滚珠旋压，变薄率 $\psi = 65\%$ 时，进给比 $f = 0.14mm/r$，旋后表面有螺旋纹。而当 $f = 0.08mm/r$ 时，旋压管件外表面明显改善。

（2）在其他变形条件不变的情况下，随着进给比增大，管件内外径、壁厚偏差也增大。如上例中对 $\phi 8mm \times 1mm$ 不锈钢管旋薄时，外径尺寸可增大 0.03mm。

（3）加大进给比有利于管件贴模。

（4）为了使变形区金属达到稳定流动，若取减薄率 $\psi > 50\%$ 时，则进给比 f 取小值。根据变形规律，减薄率确定后，进给比有相应合理的最大临界值。若进给比取值过小，会导致工件内径扩大，工件壁厚太薄时（小于 0.3mm）还会起皱。若进给比取值过大超出临界值会旋断破裂。例如锡青铜管坯 $\phi 26mm \times 0.6mm$，正旋减薄至 $t_f = 0.10mm$ 时，进给比 f 超过 $0.15mm/r$ 就会产生拉断现象。

（5）管坯壁厚越大，进给比取值范围越大。

（6）正旋压时的进给比取值需大于反旋压时的进给比值。

（7）加大进给比会使旋压力增大。

总之，进给比的确定原则是保证管件有高的尺寸精度、好的表面粗糙度及保障在旋压变形过程中不破裂、不拉断。

在生产实践中，芯模轴向进给速度 V_z 多选取 50～120mm/min，进给比 f 选取 0.04～0.25mm/r。进给比选择还要综合考虑生产效率、旋压设备能力、壁厚变薄率 ψ、管坯材质状态等因素。

6.7 旋压模转速 n

根据式（6–10）可知旋压模转速 n 与旋压变形周向速度 V_0 成正比，而式（6–11）中旋压模转速 n 与进给比 f 又成反比。所以，在同样的进给速度 V_z 下，旋压模转速 n 的提高，有利于进给比加大，生产效率提高。

但是，旋压模转速应保证旋压机床的刚度和稳定，旋压过程不能产生频率振动，否则管件表面易生成波浪纹。所以，在机床性能稳定的条件下尽量提高旋压模转速。一般旋薄管径在 ϕ50mm 以下的小型旋压机，主轴凹模座转速设定在 1000r/min 左右。常用转速为 600～850r/min。因为此时的冷却润滑只有采用油泵喷淋方式，才能达到冷却降温目的。若以提高旋压模转速来提高旋压生产效率，必须提高进给比。而滚珠旋薄是高速连续逐点挤压过程，管坯与工具、工模具之间产生剧烈摩擦热和塑变产生大量热如不能及时排出，不但旋压模具、滚珠寿命会降低，管件质量也不能得到保障。这也是滚珠旋薄进给比通常低于旋轮变薄旋压进给比的缘故。因此，目前设计制造旋薄机床常常采用循环封闭式冷却油池，以达到模具、工件浸油的连续冷却效果。此时可以使旋压模转速达到 1500～2500r/min，提高生产效率 1 倍。

滚珠旋薄工艺通常应用于中小管径的薄壁管加工。由于管径变化不大，所以，旋压时的周向旋压速度 V_0 对旋压变形影响不太明显，可以在较大范围内选择。通常，周向旋压速度 $V_0 = 10～100m/min$。

7 滚珠旋压辅助工艺

7.1 管坯的种类和对管坯的要求

7.1.1 滚珠旋薄管坯的种类

滚珠旋压所用管坯的种类主要根据其材料、结构形式及制坯的工艺方法不同而进行分类。依据旋压产品对管坯的要求及工艺参数的合理选择，确定加工所用的管坯的尺寸及质量要求，达到既保障管件的质量，又有较好的经济效益的目的。

由于滚珠旋薄要求管坯形状简单，大多为直筒管坯，因此，管坯来源广泛，同时管坯制取手段简便，这也就使滚珠旋薄更便于推广应用。常用的管坯种类有：

（1）拉拔、轧制管坯；

（2）冲压、普旋预成形件；

（3）焊接管件；

（4）机加工切削管坯；

（5）铸造及粉末冶金生产管坯。

拉拔、轧制管坯和冲压、普旋预成形件是滚珠旋薄中最为常用的类型。其他类型管坯大多在材质和尺寸形状特殊又无合适管坯的情况下使用。例如某些难熔金属及其合金（如钨、钼、钽及其合金）必须用粉末冶金法和等静压法生产管坯，然后用热旋压法旋薄成所需管件。

7.1.2 对管坯的要求

7.1.2.1 对管坯质量的要求

（1）材质均匀，无疏松，具有良好的可旋性。

（2）管坯无裂纹、夹层、起皮、沟槽等缺陷。因为旋薄管件在变形区承受很大的单位压力，局部逐点变形会使管坯内部和表层的缺陷扩大，导致已旋的管件报废。因此对管坯应有较高的质量要求。

（3）管坯内外表面清洁，无氧化皮。

7.1.2.2　对管坯尺寸精度的要求

A　管坯内径与芯模间隙

由于滚珠旋薄的特点是管材内壁贴模于芯模，因此在忽略公差情况下，管材旋后内径变化不大。这是因为通常管坯壁厚远远小于管径，切线方向变形很小，可以忽略不计。若芯模与管坯内径间隙太小，芯模插入管坯困难，不利于操作。反之间隙太大，会增大旋后管材椭圆度与不直度。在旋薄小直径管材时（小于 $\phi50mm$），根据直径大小，间隙一般控制在 0.02～0.12mm。配合公差为滑动配合二级精度。

B　管坯壁厚偏差要求

在旋薄的塑性变形中，材料是以体积位移方式进行轴向延伸。所以，与回转轴线正交的任一平面上壁厚均匀性是重要的。若管坯壁厚偏差太大，会影响旋后管件的直线度。产生轴向弯曲或端头的扭曲。在生产中发现如对蒙耐尔管（NCu40 - 2 - 1）$\phi15mm \times 1mm$ 旋薄到 $\phi14mm \times 0.5mm$ 时，旋后长度 $L = 150mm$，壁厚偏差不同，对成品管材的精度有很大影响。其结果列于表 7 - 1。

表 7 - 1　管坯壁厚偏差对旋薄管质量的影响

管坯壁厚偏差/mm	旋压后壁厚偏差/mm	管件直线度/mm	外径公差/mm
< 0.03	0.015～0.02	0.08	- 0.01～- 0.02
0.05～0.07	0.035～0.045	0.25	- 0.005～- 0.025
0.10～0.012	0.05	0.38	- 0.01～0.035

从表 7 - 1 可看出：虽然旋薄后成品管坯壁厚偏差减小，但是随着管坯壁厚偏差加大，管件直线度下降，旋后外径尺寸偏差范围也加大。

为了保证管材的旋压精度，在滚珠旋薄工艺中，管坯原始壁厚在 3.0mm 以下时，壁厚偏差不应大于 0.1mm。否则会对旋后管件直线度及同轴度产生不良影响。若提供的管坯壁厚偏差太大，则需在备料时通过减壁拉拔缩小壁厚偏差，或增加一道次贴模旋压，减薄率 ψ 在 20%～25% 时也能达到改善壁厚偏差的效果。

7.1.2.3 管坯下料长度计算

在选择管坯直径和壁厚后，要计算单件（或多件）成品管所需的管坯长度。依据减薄率和体积不变条件，并在旋薄前、后管材内径不变的前提下，可以计算出管坯备料长度 L_0。

根据塑性变形指数有如下关系：

延伸系数 $$\lambda = \frac{F_0}{F_f} = \frac{D_0^2 - d_0^2}{D_f^2 - d_f^2} = \frac{L_f}{L_0} \qquad (7-1)$$

式中　F_0——原管坯断面积；

　　　F_f——旋后管材断面积；

　　　D_0——原管坯外径；

　　　D_f——旋后管材外径；

　　　d_0——管坯内径；

　　　L_0——管坯下料长度；

　　　L_f——管件成品长度；

　　　d_f——旋后管材内径。

所以管坯下料长度 L_0 表示为：

$$L_0 = KL_f \frac{D_f^2 - d_f^2}{D_0^2 - d_0^2} \approx KL_f \frac{t_f}{t_0} \qquad (7-2)$$

式中　t_f——成品管壁厚；

　　　t_0——原始管坯壁厚；

　　　K——损失系数，$K = 1.05 \sim 1.15$，系数 K 为旋薄后的机加工切头和剥皮损失量。剥皮损失大时，K 值取大值。

7.2 管坯（件）的热处理

7.2.1 热处理种类

金属材料热处理是管件变薄旋压过程中的重要辅助工序。按旋压过程可分为原始管坯热处理、中间热处理和成品管件的热处理三种形式。

7.2.1.1 管坯热处理

这是指在冷变形旋薄前预备性热处理。因为所需的大多数管坯

（筒）主要来自冶金厂家挤压、拉拔、轧制而成的制品，或冲压的筒形件及特殊需求的焊接管件。而该类制品的状态多为硬态、半硬态或内部应力不均衡，不适于旋薄加工。此时热处理退火的目的就是为了消除管坯的内应力，降低硬度，改善金属的金相晶粒结构，提高塑性指标，降低变形抗力以适应滚珠旋薄大变形率的需要。退火后，管坯的硬度一般要求降到小于200HB，塑性指标减薄率恢复到该材料的90%左右。其常用旋薄金属材料的热处理规范如表7-2所示。

表7-2 管材旋薄常用金属材料退火规范

金属及合金种类	金属名称	合金牌号	退火气氛	温度/℃
铜及铜合金	紫铜，无氧铜	T1，TU	氢气炉	500~650
	黄铜	H62，H68，HPb59-1		580~630
	铍青铜	QBe2	真空水淬	760~780
	白铜	B30		700~750
	锌白铜	BZn18-18		700~750
铝合金	纯铝	L2	箱式空冷	350~400
	防锈铝	LF2		350~410
	锻铝	LD2	水淬	510~525
	硬铝	LY16	水淬	520~530
镍及镍合金	镍	N4	氢气炉	800
	蒙耐尔镍铜合金	NCu40-2-1	氢气炉	800~850
		NCu28-2.5-1.5	氢气炉	800~850
难熔及稀有金属	工业纯钛	TA1，TA2	真空炉	650~740
	钛合金	TC3	真空炉	550~600
	钽 Ta1	Ta	真空炉	1050~1100
	钼铼合金	Mo-5Re	氢气炉	1200
	钨	W	真空炉	1100
	钼	Mo	氢气炉	850~900
	铌合金	C-103	真空炉	1150

金属及合金种类	金属名称	合金牌号	退火气氛	温度/℃
黑色金属	不锈钢	1Cr18Ni9Ti	水淬	1050～1100
		1Cr13		740～780
	铁镍钴	4J29，4J33	氢气炉	900～950
	碳素钢	08，20		730～750
	碳素工具钢	T10		750～770
	轴承钢	GCr15		680～700
	合金钢	30CrMnSiA		710～730
	纯铁	DT1－9		900

7.2.1.2 中间热处理

这是指在冷旋薄时，随着变形后材料强度增大，继而塑性减小。在该材料的减薄率达到某一极限值后，再继续旋薄管件就会破裂或旋断。同时，有的金属材料的特性就是极限减薄率较低，诸如一些难熔金属和硬铝合金单道次就达到减薄成形的目的是不太可能的。为了恢复金属管件原有塑性就必须进行中间热处理退火。图 7 - 1 所示为 10 号钢管变薄后力学性能随强度极限 σ_b、屈服极限 σ_s 和减薄率 ψ 变化关系曲线。从图 7 - 1 可以看出，当减薄率接近 50% 时，钢管的伸长率将低于 10%，若继续减薄，必须进行中间热处理。关于加工硬化

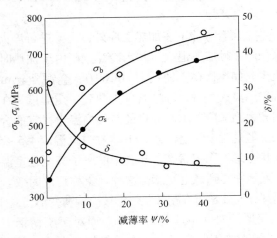

图 7 - 1 10 号钢管旋薄力学性能随减薄率的变化

产生的原因，金属学理论认为，是晶体不均匀变形，产生纤维变形带，导致结晶体内点阵畸变（即晶体点阵规则性破坏）复杂滑移的结果。冷旋压时晶体产生了缺陷，使得晶体进一步滑移受到了阻碍，金属产生了加工硬化现象。大多数金属管材都采用再结晶退火。即高于每种材料再结晶温度 150～250℃。

在大变形条件下，纯金属的再结晶温度（$T_{再}$）与其熔点（$T_{熔}$）有一近似的经验公式：

$$T_{再} = 0.4T_{熔}$$

冷变形后的金属，当加热到再结晶温度以上时，晶体发生再结晶。再结晶是一个晶核长大过程，但是它不发生相变。因为再结晶前后晶体的结晶点阵是一样的。晶体经过再结晶过程，冷变形所造成的组织完全得到改组，力学性能发生很大变化。加工硬化消除，韧性、塑性提高，在冷变形后的残余应力也得到消除。

7.2.1.3 成品热处理

这是指管件在最后一个旋薄道次结束后进行的热处理。其目的是为了获得最终管件所需力学性能的调质处理及消除残余内应力，保持旋后管件的尺寸和形状精度。防止工件随放置时间延长而发生时效变化。其温度规范多采用低温回火处理。

7.2.1.4 淬火处理

这是指一些金属合金除上述加热工序外，还要进行淬火处理，旋薄加工中广泛采用电接触加热退火，并水冷淬火。由于加热时间短，因此金属表面氧化少。如奥氏体不锈钢 1Cr18Ni9Ti、金铜合金 AuCu20-80 及部分铝合金等采用淬火处理，即把管件加热到一定温度，在这一温度下保持一定时间和急剧水冷，水冷的目的是使高温下稳定的合金组织在室温下固定下来。但是对于硬铝合金 LY16，在退火温度 495～505℃时进行淬火，但淬火状态是不稳定状态，合金中的原子甚至在室温下都在晶格内部移动，自发地恢复到稳定状态，这种现象称自然时效。这一过程会使管件性能提高、变硬。若在塑性状态继续冷旋薄变形，对于 LY16 合金从淬火开始到变形的时间不应超过 1.5h。而对于不锈钢 1Cr18Ni9Ti 在1050℃时淬火，旋薄加工中广泛采用电接触加热退火，并水冷淬火。由于加热时间短，因此金属表面的氧化也不严重。

7.2.2 热处理设备

滚珠旋薄加工的对象大多是中小直径管形件或筒形件。管件长度不长，通常不超过1000mm，一般为小批量、多规格、多品种。产品具有尺寸精度高和表面粗糙度好的特点。根据这些特点，管坯的热处理应以无氧化退火为主要手段。而热处理退火炉种类和形式多种多样，现仅就滚珠旋薄工艺常用的退火设备作简要介绍。

7.2.2.1 箱式电阻退火炉

箱式电阻退炉火是一种传统的炉型。它的优点是结构简单、投资少、使用方便可靠。其炉体结构主要由炉壳、炉衬、炉门及装管坯料台车组成。加热元件用高合金电阻丝绕制螺旋状放置于炉衬和台车搁砖上。台车可以推进推出，便于装卸管料。其常用电阻炉形式如图7-2所示。该类炉型适用于批量大、管坯长的退火。但是由于加热时内、外层管坯的加热条件不一样，外层温度高，内层温度低，为了加热均衡，需要较长的均温时间，因此生产效率低。管坯表面在大气中易生成氧化层。例如，炉气中含有4%~12%（体积分数）大气时，加热到700℃，保温15min，氧渗入到铜管坯1.0mm深。因而应用该类型退火管坯进行旋薄时需增加酸洗工序。

图7-2 台车式电阻退火炉外形图

7.2.2.2   电接触加热退火装置

这种退火装置主要用于高电阻金属管材的快速加热退火及奥氏体不锈钢管淬火前加热。这种装置示意图见图 7-3。电接触加热管坯退火是逐根进行的，加热前管坯两端分别由铜电极夹具 4 夹紧，工作时管坯直接通以变压器二次绕组的工频低压大电流。在由变压器 1、电缆线 3、夹持电极 4 和管坯 7 组成的回路中管坯电阻最大。

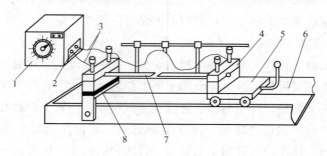

图 7-3   电加热退火装置示意图

1—大电流变压器；2—次级输出；3—电缆线；4—夹持电极；
5—移动小车；6—水槽；7—管坯；8—绝缘板

根据楞次-焦耳定律：

$$Q = 0.24I^2Rt \tag{7-3}$$

式中 Q——通电时金属体的发热量，cal，1cal = 4.18J；

I——电流，A；

R——电阻，Ω；

t——时间，s。

从式（7-3）可以看出，管坯发热量与通过电流平方及电阻值成正比。该装置变压器次级输出的大电流及高电阻管件使之得到加热并达到高温。

两个夹持铜电极 4 之间距离，可以通过移动小车 5 来加以调整，并可实现张力预矫的目的。

退火管坯长度通常以不超过 3~4m 为宜。

加热温度根据管材种类而定，使用非接触式红外测温仪监测管件温度。温度调节通过改变变压器一次绕组的电压及加热时间来实现。

加热时间一般为 20~40s。

电接触加热热处理的优点是加热快、氧化少、加热温度准确并可在较宽的范围内变化。这种方法的缺点是切头损失大，因为加热时每端都有 40~50mm 的一段由于和夹具接触而得不到加热必须切去，此外耗电大，生产效率低，不宜加热直径大、长度长、壁厚较大的管坯。在滚珠旋薄工艺中，变压器容量为 50~200kV·A，输出电压为 50~100V，输出电流为 2000~4000A。不锈钢类材质加热温度可达到 1200℃。

7.2.2.3 保护气氛的退火炉

管材在空气中加热，炉气中含有大量的 O_2、CO_2、H_2O，使管材内、外表面氧化甚至烧损，采用可控气氛加热可使炉内氧气含量及含氧化性气氛的含量大大降低。实现金属管材的无氧化或少氧化加热，使退火后的管材表面质量有很大提高，还可免去酸洗工序，既节约能源，又能提高生产效率。因此，目前在塑性加工行业中保护加热得到越来越广泛的应用。在可控气氛中常见的气体有 O_2、CO_2、CO、H_2、H_2O 及 N_2。

常用保护气氛的氢气是无色、无味、可燃的还原气体。在高温时氢能从许多氧化物中夺取氧，使氧化物还原。但是氢气是易燃、易爆气体。因此对热处理设备的结构提出了更高的要求。对一些精密难熔金属管件，应用氢气退火炉退火也是一种较好的选择。氢气退火炉退火温度通常可达到 1100~1600℃。氢气退火炉典型形式见图 7-4 和图 7-5。

图 7-4 卧式氢气退火炉

图 7-5　立式氢气退火炉

而氮气（N_2）在热处理温度可认为是惰性气体不参加化学反应，氮是一种惰性气体，具有无毒、不燃烧、不爆炸的特点，是一种应用广泛的保护气体。因而应用氮气的退火炉是一种操作工艺简便、使用安全、退火效果良好、有利于推广的热处理方法。

图 7-6 所示为氮气保护热处理装置示意图。其结构是在普通箱式电阻炉内置入不锈钢套筒。套筒 4 借助轨道可推入推出炉膛。退火前预先把管坯装入套筒，并密封套筒端口。然后通过氮气入口 1 充氮气排出空气，使套筒 4 充满氮气。当炉膛温度达到退火炉温时，推入套筒加热保温。此时仍然不断充氮气，直到退火完成，推出套筒 4 冷却。生产实践表明，该方法具有实用性，尤其是应用滚珠旋薄小批量中、小直径管材方便，即便管坯表面有些轻微氧化也不影响进一步的旋薄加工。因为炉内气氛的氧气含量超过 0.001%（体积分数）就会使产品表面微氧化。所以高光亮退火可应用真空炉退火工艺。

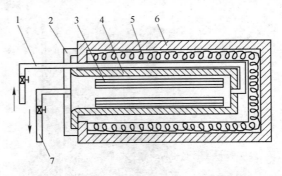

图 7-6　电加热氮气保护热处理装置

1—氮气入口；2—密封及水冷盖；3—管坯；4—套筒；

5—加热体；6—炉体；7—空气排出口

7.2.2.4 电加热真空退火炉

为了消除退火后管件表面氧化，对表面质量和组织均匀性有严格要求的管件采用真空炉退火设备是最佳选择。尤其是用于军工、航空、航天、电子、精密仪器等领域的管件及难熔金属的高精薄壁管件，在滚珠旋薄工艺中，更要采用真空炉退火。

电加热真空退火炉的结构示意图如图 7-7 所示。

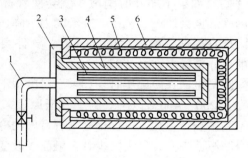

图 7-7 电加热真空热处理装置示意图
1—通真空泵管路；2—密封及水冷盖；3—管坯；
4—套筒；5—加热器；6—炉体

根据管坯质量要求，炉子真空度一般为 $133 \times (10^{-2} \sim 10^{-4})$ Pa。管坯装在套筒内加热。大多数真空炉都采用半连续作业。管子往筒里装料在炉外进行。当炉内的管坯加热结束时，把管坯连同套筒一起移出炉体，然后把已预先装好待加热管坯的另一个套筒放入炉内进行加热。加热前套筒要盖上密封盖，上面由管道与高真空泵系统连接，然后抽真空。炉内加热系统用电阻丝（如钨丝）通电加热。温度可达到 1300℃以上。立式真空退火炉实体照片见图 7-8。

图 7-8 立式真空退火炉

7.3 滚珠旋压的冷却和润滑

7.3.1 冷却和润滑的目的和方法

滚珠强力旋压具有管材局部变形量大和变形速度快的特点。旋压过程中滚珠与管材表面及模套内壁接触面的摩擦十分强烈，因而会产生大量热能。这些热如果不能及时消散，就会使管材和模具温度升高。同时滚珠的受热也会使滚珠抗压、抗磨能力下降，产生环状磨损变形带。在其滚珠直径偏差超过 0.005mm 时，管件表面质量就会变坏，同时管件的尺寸精度也随之变差。

根据生产实践测定，在冷旋压时，如果润滑冷却不充分，会使管件和模具温度高达 200 ~ 400℃以上。为了降低摩擦，减少摩擦对塑性变形过程的不利影响，在加工过程中必须有良好的冷却润滑，润滑的作用是把两个摩擦面隔开，尽量减少其接触面，改变摩擦面移动时的力学性质，降低摩擦力。同时，充分的油液冷却也使管件和模具温度控制在 80℃以下。实践证明，充分地冷却润滑是保证旋压加工正常进行的重要工艺手段。其主要作用为：

(1) 减少加工时阻力；

(2) 改善加工表面质量；

(3) 增加工模具寿命；

(4) 控制加工过程中的加工温度。

冷却润滑剂应对工具材料非化学活性，不腐蚀工模具材料，并且容易从管件上清除。润滑剂还应该无毒，价格低廉。滚珠旋压过程中最常用的冷却润滑剂是矿物油类，如 20 ~ 40 号机油，该油主要从精炼石蜡基石油获得。其密度为 0.86 ~ 0.95g/cm³，沸点不超过 315℃，纯矿物油在冷态旋压过程中使用时是稳定的，成分无变化。如果能定期除去旋压时管件剥落粉屑和机械杂质，这类油液可使用很长时间。但是矿物油的冷却能力较低，有时操作者也采用以矿物油为基制成的乳液，它具有较理想的冷却性能。

在常温滚珠旋压过程中，冷却润滑剂一般是通过油泵从冷却润滑油箱中强制输液注入旋转主轴的旋压模具中，流量一般不低于20 ~

50L/min，并循环使用。也有的厂家为了提高充分冷却润滑的效果，在环绕模具周围的油池中始终充满循环油液，把旋压模具浸泡在油液中，其冷却效果更为明显。连续旋压加工后其管件和模具温度不超过 40~50℃。

7.3.2 特殊材质的表面处理

在旋压某些特殊材料管材（如钽铌难熔合金、钛合金和耐热合金）时，该筒类零件表面很容易与滚珠黏结，破坏管件表面质量。这是因为特殊材质旋压时具有更大单位压力，接触点产生瞬时高温，使两物体发生粘着，在相对移动时粘着被剪切断掉，就会遗留在变形区内或粘附在工件表面，导致旋压加工不能正常进行。为了改善该类金属在加工时的表面摩擦状态，除了充分冷却润滑外，还必须借助阳极氧化在钽铌管件表面形成一层致密薄膜，能收到良好润滑效果。其方法是将被处理金属置入电解液（如硫酸、铬酸、草酸等）中作为阳极，在特定条件和外加电流下进行电解，使其金属表面形成氧化物薄膜，改变了表面状态和性能，增强了耐磨性，氧化薄膜层中有大量的微孔，可吸附各种润滑剂，起到了增加润滑、减少黏结的作用。

对于耐热钢和不锈钢管件，为了避免旋压过程中出现黏结现象，也常用草酸盐处理。草酸又称乙二酸，通常草酸以二水化合物（$H_2C_2O_2 \cdot 2H_2O$）形式存在，为无色透明单斜晶体。处理后使其管件表面牢固地附着一层细致多孔的结晶粉末物。这层化学膜不仅具有一定的抗压、抗拉强度，而且可以贮存润滑剂，保持良好的润滑条件。根据相关资料介绍，草酸盐配方及操作方法如下：

第一种配方：

草酸 $H_2C_2O_4$ 37.5g

三硫酸二铁 $Fe_2(SO_4)_3$ 8.7g

硫酸氢钠 $NaHSO_3$ 3.75g

硫代硫酸钠 $Na_2S_2O_3$ 1.2g

水 H_2O 1.0L

操作方法是：先将草酸（$H_2C_2O_4$）、三硫酸二铁［$Fe_2(SO_4)_3$］和硫酸氢钠 $NaHSO_3$ 放入 50～55℃ 的热水中，加热至 65℃，放入硫代硫酸钠（$Na_2S_2O_3$），再将管件放入。处理时间为 20～30min，处理层颜色为深绿色。

第二种配方：

草酸 $H_2C_2O_4$	50g
钼酸铵 （NH_4）$_2MoO_4$	30g
氯化钠 NaCl	25g
氯化氢钠 $NaHCl_2$	10g
亚硫酸钠 Na_2SO_3	3g
水	1L

操作方法是：在草酸盐处理前要对管件进行酸洗，去除油脂、杂质，用热水漂洗后，再进行草酸盐处理。温度为 90℃，时间为 15～20min。处理后表面呈深绿略带褐色。

7.3.3　热旋时的润滑

润滑冷却油和油脂的润滑作用都有一定的温度限制。高于某一温度就失去润滑作用。这一温度称为转变温度。润滑油的熔点高，转变温度也高。在热旋难熔金属钨钼合金时，变形区处于极压润滑状态，一般的油性润滑膜容易在高温高压下破坏。因此润滑剂要求耐热性好，同时要求加热过程温度不应超过润滑剂完全燃烧的温度。对于热旋，主要是润滑问题，而冷却仅是施加于模具。

一般采用二硫化钼或石墨的油质悬浮液。二硫化钼外观呈灰黑色，无光泽，其结晶为六方晶系和层状结构。具有良好的附着性能、抗压性能和减摩性能，摩擦系数 $\mu = 0.03～0.15$。在 400℃ 时还能进行良好润滑。

二硫化钼（MoS_2）有较好抗腐蚀性和化学稳定性，也具有各向异性的强度性质，硫原子与金属表面具有强的附着性，在高温时与管件表面起化学反应，生成硫化物化学膜。它起到管件和模具之间隔离的作用，可降低摩擦力。由于二硫化钼能在热旋压钨钼变形金属表面形成牢固而不破裂的润滑膜，在热旋中得到广泛应用。而石墨与二硫化钼相似，也是一种良好的固体润滑剂。

7.4 酸洗

旋薄管坯有时受到管坯长度和热处理设备条件限制，未能应用光亮退火，而在普通电阻箱式电炉或电接触加热装置中退火。加热时，在空气中金属材质原子和空气中或氧化性气体中的氧原子互相扩散化合，在管坯内、外表面形成氧化层。氧化层的存在，一方面影响随后进行旋薄的润滑质量，另一方面氧化层硬度高于基体金属，加工时摩擦力增大，旋压模具和滚珠磨损加剧。氧化皮压入管件使表面质量下降，甚至使旋薄加工过程不能正常和有效地进行。金属及合金管坯氧化层的清除，广泛采用的是化学方法——酸洗。酸洗过程一般按如下顺序进行：酸洗→冷水洗→热水洗→干燥。

7.4.1 铜及其合金酸洗

酸洗时使用 8% ~ 12% 的硫酸（H_2SO_4）溶液。溶液温度为 45 ~ 70℃，酸洗时间为 5 ~ 15min。酸洗时的化学反应式如下：

$$CuO + H_2SO_4 \longrightarrow CuSO_4 + H_2O$$
$$Cu_2O + H_2SO_4 \longrightarrow Cu + CuSO_4 + H_2O$$

为了使酸洗表面光亮，可在硫酸液中加入适量的 $K_2Cr_2O_7$ 或 HNO_3 作氧化剂，可以加速 Cu_2O 的溶解。

7.4.2 镍及其合金酸洗

酸洗时使用 7% ~ 15% 的硫酸（H_2SO_4）+ 3% ~ 10% 的硝酸（HNO_3）+ 余 H_2O。

镍及其合金酸洗时的化学反应式如下：

$$NiO + H_2SO_4 \longrightarrow NiSO_4 + H_2O$$
$$Ni_2O_3 + 2H_2SO_4 \longrightarrow 2NiSO + H_2O + H_2 \uparrow$$
$$Ni + 2HNO_3 \longrightarrow Ni(NO_3)_2 + H_2 \uparrow$$

7.4.3 碳钢和低合金钢的酸洗

碳钢和低合金钢管坯退火后的氧化铁皮一般是疏松的且能溶于单

一的酸溶液。生产实践中广泛采用硫酸酸洗。特殊情况下则用盐酸酸洗。碳钢管表面的氧化铁皮主要是表层三氧化二铁（Fe_2O_3）、中间层四氧化三铁（Fe_3O_4）和靠近铁基的氧化亚铁（FeO）三种铁的氧化物。

硫酸酸洗液的浓度为 22% ~ 24%。溶液温度为 20 ~ 60℃，酸洗时间为 15 ~ 25min。硫酸亚铁的含量小于 200 ~ 250g/L。

盐酸酸洗液的浓度为 8% ~ 12%。酸洗温度为室温。酸洗时间为 10 ~ 30min。硫酸亚铁含量小于 100g/L。

硫酸酸洗时化学反应式如下：

$$Fe_2O_3 + 3H_2SO_4 \longrightarrow Fe_2(SO_4)_3 + 3H_2O$$
$$Fe_3O_4 + 4H_2SO_4 \longrightarrow Fe_2(SO_4)_3 + FeSO_4 + 4H_2O$$
$$FeO + H_2SO_4 \longrightarrow FeSO_4 + H_2O$$

盐酸酸洗的机理，主要是利用强酸性，使碱性的铁的氧化物溶解，化学反应过程是：

$$Fe_2O_3 + 6HCl \longrightarrow 2\ FeCl_2 + 3H_2O$$
$$FeO + 2HCl \longrightarrow FeCl_2 + H_2O$$
$$Fe_3O_4 + 8HCl \longrightarrow 2FeCl_3 + FeCl_2 + 4H_2O$$

硫酸酸洗的特点是：硫酸价格便宜，耗酸少，酸洗成本低。可通过提高温度以维持酸洗作用，使酸液得到充分利用。析出的酸雾刺激作用较小，废酸中的硫酸亚铁利用价值高。其缺点是必须加热，消耗热能较多。对铁基体的侵蚀较大，容易产生氢脆。此外，酸洗速度较慢。

盐酸酸洗时不必加热，酸洗速度快。生成的铁盐易溶于水，洗后表面光洁。不易产生过酸洗和氢脆。其缺点是酸洗成本高，盐酸易挥发形成刺激性、腐蚀性白雾。同时，废酸利用价值较低。

目前，盐酸酸洗主要用于高标准精密钢管酸洗。

7.4.4   高合金钢的酸洗

合金钢管材表面氧化膜的组成取决于铁和合金元素对氧的亲和力。含铬、硅、铝元素合金钢，在其表面会形成坚固的和难溶的氧化膜，它阻碍金属和氧原子的扩散，使金属在高温下的氧化速度减小，同时也给酸洗带来困难。相反，当钒、硼、钼和钨在钢中含量达到一定值时，会使氧化膜的坚固性降低。而镍铬不锈钢的氧化膜中存在的 Cr_2O_3 酸洗困难，即使温度高达 80℃ 时也不溶于硫酸、盐酸或硝酸。

酸洗高合金钢管的溶液配比因钢种类不同而有异，常用的配比溶液为：16% ~18% H_2SO_4 +5% $NaNO_3$ +1% ~2% $NaCl$，酸洗温度保持在 65~80℃，酸洗时间根据氧化层特性确定为 20~50min。

对带有坚固氧化铁皮的不锈钢管，有时在含有硫酸高铁 $Fe_2(SO_4)_3$ 的硫酸溶液中酸洗，它的组成一般为 15% H_2SO_4 + 10% $Fe_2(SO_4)_3$。其化学反应式如下：

$$CrO + H^+ \longrightarrow Cr^{2+} + H_2O$$
$$Cr_2O_3 + 6H^+ \longrightarrow 2Cr^{3+} + 3H_2O$$
$$Cr + 2Fe^{3+} \longrightarrow Cr^{2+} + 2Fe^{2+}$$
$$Cr_2O + 2H^+ + 2Fe^{3+} \longrightarrow 2Cr^{2+} + 2Fe^{2+} + H_2O$$

对于使用硝酸和氢氟酸的混合溶液，目前广泛应用于清洗 1Cr18Ni9Ti 等奥氏体型不锈钢管。酸溶液配比是：4% ~6% HF + 8% ~12% HNO_3。酸洗温度为 50~60℃，铁盐含量小于 18g/L。酸洗时间一般为 20~40min。用硝酸和氢氟酸溶液酸洗，可把不锈钢管氧化铁皮中不溶于酸的低价氧化物先氧化成能溶于酸的高价氧化物，然后进行高价氧化物的溶解，其化学反应过程如下：

（1）铬和铁的低价氧化物被氧化成高价氧化物：
$$2FeO + Cr_2O_3 + 8HNO_3 \longrightarrow Fe_2O_3 + 2CrO_3 + 8NO_2\uparrow + 8H_2O$$
$$2FeO + 2HNO_3 \longrightarrow Fe_2O_3 + 2NO_2\uparrow + H_2O$$
$$2Fe_3O_4 + 2HNO_3 \longrightarrow 3Fe_2O_3 + 2NO_2\uparrow + H_2O$$
$$Cr_2O_3 + 6HNO_3 \longrightarrow 2CrO_3 + 6NO_2\uparrow + 3H_2O$$

（2）高价铬和镍的氧化物的溶解：
$$CrO_3 + 6HNO_3 \longrightarrow Cr(NO_3)_6 + 3H_2O$$
$$NiO + 2HNO_3 \longrightarrow Ni(NO_3)_2 + H_2O$$
$$CrO_3 + 6HF \longrightarrow CrF_6 + 3H_2O$$
$$NiO + 2HF \longrightarrow NiF_2 + H_2O$$

（3）铁及其氧化物的溶解：
$$FeO + 2HF \longrightarrow FeF + H_2O$$
$$Fe_3O_4 + 8HF \longrightarrow 2FeF_3 + FeF_2 + 4H_2O$$

$$Fe_2O_3 + 6HF \longrightarrow 2FeF_3 + 3H_2O$$
$$Fe + 2HF \longrightarrow FeF_2 + H_2 \uparrow$$

7.4.5 酸洗工艺过程

配制酸液时必须注意安全，水先放入酸槽，然后再徐徐注入酸液，并予以搅拌。酸洗时，要经常观察，时间过长易出现"过酸洗"。酸洗液可以采用电加热器和蒸汽间接加热。

完善的酸洗过程为先水洗去污物，防止污染酸溶液，水洗最好用70～80℃的热水，以加快水洗速度和预热管坯。酸洗后的管材必须进行清洗和冲洗，作用是很好地清除沉积在管坯表面的盐结晶体、残酸等物。清洗最好也用热水，以利于盐晶体溶解。冲洗时内、外表面都需兼顾，直至管材流出清水为止。

在酸洗溶液的使用过程中，当浓度的降低和盐晶体含量的增加达到一定程度以后，为了继续有效地使用，可对酸溶液进行调整，即在老酸洗液中加入部分浓酸或者把老酸液排掉一部分再加入适量的浓酸和水。重新使酸液浓度提高到适合于酸洗的要求。

7.5 加热旋压

7.5.1 热旋压特点

滚珠旋薄工艺大多是在室温下加工具有塑变能力的各种有色金属、黑色金属合金管筒类零件。因为加热旋压会使旋压工艺因素增多，工艺过程复杂化。但有时由于旋压设备能力限制，为了降低旋压变形力及增大道次减薄率，常温加工金属也可采用热旋加工。

但是，随着航天、航空、原子能、军工、化工、仪器仪表及电子工业的发展，在近三十多年来，对一些难熔金属及合金管件的需求越来越广泛。这是由于难熔金属钨、钼、锆、铌及钛金属合金等具有耐高温强度，导热、导电等独特性能，是一些特殊工程构件不可缺少的重要材料。如电子器件慢波管是 $\phi3mm \times 0.1mm$ 薄壁钼管及发射火箭所需 C-103 铌合金延伸段，它们都是其他材料不可替代的核心零件。一些难熔金属主要特性列于表 7-3。

表 7 – 3　难熔金属主要特性

金属名称	元素符号	熔点/℃	密度 /g·cm^{-3}	强度（1300℃） σ_b/MPa	特　点
钨	W	3410	19.26	414	熔点高，高温强度好，高温易氧化，低温脆性大
钼	Mo	2623	10.22	379	
铌	Nb	2468	8.57	166	
钽	Ta	2996	16.6	359	

这些难熔金属的室温脆性，坯料管粉末冶金烧结致密不高，且高温加工抗氧化性能差，给强力旋压带来极大困难。但是，在热态下呈现良好的塑性，加之滚珠旋薄是逐点挤压变形，应力状态是三向压应力，对材质塑性指标要求低，使应用滚珠旋压中、小直径薄壁难熔金属管件成为可能，并逐渐得到推广应用。

难熔金属强力旋压有如下特点：

（1）大多数难熔金属强旋时，必须在热态下旋压，以提高材料塑性；

（2）加热和旋压时间要短，避免旋压管件产生严重氧化；

（3）通常难熔金属及合金的极限减薄率较小，因而，控制道次减薄率也较小；

（4）粉末冶金烧结管坯相对密度要高，旋压前需消除内应力退火，中间退火的次数也多；

（5）旋压道次进给比也比常规材料小；

（6）旋压模、芯模材质要选用热膨胀小、耐热强度高的合金钢作为制造材料；

（7）旋压时要预先考虑热膨胀对成品管件尺寸的影响；

（8）热旋压难熔金属采用短头旋压是可取的加工方式；

（9）旋压时要合理选择耐热好的润滑剂，采取降温冷却旋压主轴的措施。

7.5.2　热旋压管坯来源形式和要求

难熔热旋薄管来源于粉末冶金高温烧结管坯，也有采用电子轰击或电弧熔炼的铸锭，及经热挤压管坯，或使用板材经多道次旋压及冲压拉深筒状管坯。

用于滚珠变薄旋压钨、钼中小直径管件，采用钨钼粉等静压高温烧结的管坯，成本较低。要求管坯烧结后的相对密度要大于95%，无夹杂、无气泡，烧结组织完全晶界化。氧含量小于0.03%（体积分数），晶粒数大于4000个/mm^2。热旋压前先消除内应力退火。

目前冶金厂也有的提供采用电子轰击或电弧熔炼经热挤压的钼管坯。对于滚珠旋薄中、小直径（小于100mm）薄壁管筒多采用钼板、钼皮冲压引伸件，厚度小于0.5mm冷冲压，厚度大于0.5mm热冲压，要求钼皮具有均匀性能，无起皮、无夹杂的交叉碾压制品。铌合金为板坯冲压或普旋成管坯。而钛及钛合金市场供应管坯种类较普遍。

7.5.3　滚珠热旋压工艺参数及条件

对于低温塑性差、变形抗力大的金属材料，即便是在高温热态下，极限减薄率也不如常规金属易于旋薄，此外，外设加热条件也使热旋加工工艺因素增多，过程复杂化。表7-4列出厂家典型热旋薄时的工艺条件。

表7-4　热旋压典型难熔金属工艺条件

材料	管坯来源	加热温度/℃		极限减薄率 ψ /%	道次减薄率 ψ_i /%	退火温度/℃		进给率 f /mm·r^{-1}	润滑剂
		开坯	成品			旋前	中间		
钛 TA2	板冲压轧制管	450		75	20~40			0.06~0.15	石墨乳或一硫化钼
钛合金 TB2	板冲压板普旋	700~800		65	15~25			0.06~0.15	
钛合金 TC3	板冲压板普旋	650		65	15~25		550	0.1	
钛合金 Ti-451	板冲压板普旋	800~850		75	15~30			0.05~0.1	

材料	管坯来源	加热温度/℃		极限减薄率 ψ/%	道次减薄率 ψ_i/%	退火温度/℃		进给率 f/mm·r^{-1}	润滑剂
		开坯	成品			旋前	中间		
铌合金 C-103	板冲压	400		65		1150		0.08 ~ 0.12	石墨乳或一硫化钼
钨 W	粉末烧结	1000	600	50 ~ 60	7 ~ 20	1100	1100	0.02 ~ 0.07	
钼 Mo	粉末烧结	700 ~ 800	300 ~ 400	70	10 ~ 35	900	900	0.05 ~ 0.08	
钼 Mo	钼皮冲压	400 ~ 500		75	15 ~ 50		350	0.07 ~ 0.12	
钼合金 TZM	粉末烧结	900 ~ 1000	500 ~ 600	60	10 ~ 30	1200	1100	0.04 ~ 0.08	
锆 Zr	板冲压板普旋	750 ~ 850		60	10 ~ 20			0.04 ~ 0.08	

7.5.3.1 减薄率 ψ

减薄率受到材料加热时塑性状态的影响。从表7-4列出的材料可以看出，道次减薄率大多选择为 10% ~ 30%。若管坯为粉末冶金状态，第一道次取下限，中间道次可适当提高减薄率，成品道次取平均值。旋压角 α 按第6章公式选取：

即 $$\cos\alpha = 1 - \frac{\Delta t}{R_P}, \quad \alpha = \arccos\frac{R_P - \Delta t}{R_P} = \arccos\left(1 - \frac{2\Delta t}{D_P}\right)$$

α 在 15° ~ 25° 的稳定区选择。

7.5.3.2 进给比 f

对变形抗力的难熔金属，最重要的是采用小进给比，通常为 0.02 ~ 0.12mm/r。开坯道次取低值，为改善贴模效果成品道次取稍大值。进给速度为 5 ~ 30mm/min。进给比太大会使表面粗糙度增加，严重时会起皮，甚至拉裂。进给比太小，易引起胀径，薄壁时出现鼓包。

7.5.4 热旋模具材料

热旋模具材料列于表 7 -5。

表 7 - 5 热旋模具材料

类 别	材料种类	硬度（HRC）	特 点
旋压凹模	耐热模具钢 3Cr2W8V 高速钢 W18Cr4V	52 ~ 58	高温强度好 线膨胀系数小
芯模（短芯头）	耐热模具钢 3Cr2W8V 钼合金 TZM 碳化物硬质合金		

7.5.5 加热和冷却装置

加热装置用于旋前预热旋压模、芯模及在旋压过程中加热管坯。应用 1 ~ 2 支长把火焰喷枪是最常用的加热方法。根据工件材料的不同，采用不同的燃料。旋压不易氧化的材料，如钛合金，可采用氧 – 乙炔火焰焊枪，而旋压在空气中加热易氧化的材料（如钼）则需要氢气火焰，用压缩空气助燃。通过调节燃气流量来控制加热温度。管件的加热温度的显示用光学高温计测温。根据资料介绍，管形件的加热有应用电感应加热器的报道。

此外，加热旋压时，受热传导和热辐射的影响，设备旋压模的传动主轴部件势必产生氧化和热变形，以致影响设备传动精度和轴承损坏。因此设备隔热和冷却等防护措施是不可忽视的。受热的部件可设置石棉类隔热材料，对于旋压主轴可用装置水套和套管注入冷水方式防止主轴的温升。

7.6 旋后薄壁管矫直

7.6.1 薄壁管矫直的必要性

中、小直径薄壁管的滚珠旋压加工具有产品尺寸精度高、表面粗糙度好及变形效率高的显著特点。因而其工艺方法在国防、航天、电子和民用工业得到了日益广泛的应用。加工时，其中大部分管坯来源于冶金厂家定制生产的拉拔、冷轧管。通常冶金产品管材无论是直径或壁厚都允许存在一定公差范围，壁厚偏差可达到壁厚的10%。

当该类管坯直接作为滚珠旋薄加工时，会由于管坯内、外表面同轴度误差（即壁厚的偏差）、原始组织不均匀而产生不均匀变形，以及旋薄设备和模具精度等原因，都会导致旋后管材造成较大内应力，产生圆度和直线度误差。管坯旋后垂直于轴线截面的尺寸公差会在旋薄后逐渐得到改善。然而，由于管形件旋薄是遵循体积不变的原则，当滚珠旋薄管坯到某一壁厚尺寸时，管坯壁厚厚的一侧必然要延伸得比管坯壁薄的一侧长一点。其变化示意图见图 7 – 9。

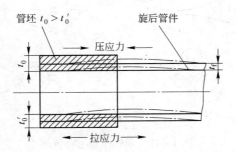

图 7 – 9　管坯壁厚差对直线度的影响

由于管件是一个弹塑性整体，各部分彼此牵连不能自由延伸，从而产生较大的内应力，使管件产生沿轴的弯曲或扭曲。在很多应用领域，如电子行业中电真空器件的行波管管壳、慢波线管、医疗手术器械精密不锈钢管、管乐器中的高精度黄铜管及航空航天技术应用高温合金精密薄壁管等管件，除对尺寸精度有高的要求外，对管材的直线度也有很高的要求。如电真空器件中，材质为不锈钢或蒙耐尔合金行波管管壳母线直线度要求不低于 0.02/100mm，椭圆度偏差小于0.02mm。旋薄后管材直线度通常达不到使用要求，因而旋薄后对管件的精整矫直是必需的加工工序。

7.6.2 薄壁短管矫直机应用

滚珠旋薄管件的直径与壁厚比常常大于30，管壁厚多为0.15~0.8mm，直径为φ4~50mm，长度在1000mm以下，长度太短不能用常规的斜辊式矫直机矫直。而且，旋压的薄壁管用常规的斜辊式矫直机不能满足矫直精度要求。在20世纪80年代，为了针对薄壁短管的精整矫直，电子第十二研究所与北京钢铁学院（现北京科技大学）等单位联合研制了单辊座两功能薄壁管矫直机。它是把三辊矫直和二辊矫直结合在单一辊支撑架的新型矫直机。矫直辊作用原理配置图如图7-10所示。

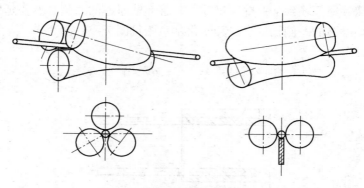

图7-10 单辊座辊形布置图

在三辊矫直过程中，管件每一垂直断面形成三点接触，以消除传统斜辊矫直机的二点接触而引起的表面压痕。管件被三个辊包住承受扭矩小，有利于薄壁管矫直。由于是单辊座矫直，被矫直管材长度不受限制，管材长度只要等于辊身长度的2/3就能达到矫直效果。同时，由于辊身长度较长，管材的头尾端的鹅脖弯也能消除。但是，在被矫直管材直径过小时，三个矫直辊进给调整会产生矫直辊相互干涉，为此在单辊座上安装了可以更换成二辊矫直的机型。研制的单辊座两功能的薄壁短管矫直机的原型机和改进型实体图见图7-11和图7-12。该机型申请并获国家实用新型专利（CN87200790）。

该机型具有如下特点：

图 7 – 11　薄壁短管矫直原型机

图 7 – 12　薄壁短管矫直改进型机

（1）在三辊矫直时，辊形曲面构成孔型轴线是一条反弯曲线，保证了矫直时矫直辊与管材全接触的双包络法设计的辊形曲线。

（2）三辊互呈 120°配置，上辊为凸形辊，两侧辊为凹形辊。当拆除上辊时，将两侧辊座分别上摆 30°，并换上二辊机型矫直辊，可作为有下导板支承的二辊机使用。

（3）该机在三辊机型时，矫直管材的范围为 $\phi 12 \sim 21\text{mm}$。在二辊机型时，管材矫直范围为 $\phi 4 \sim 15\text{mm}$。

（4）矫直辊靠丝杠可做径向进给调整孔型大小，辊座在托盘上转动可使辊子轴线与工作轴线的夹角在 0° ~ 10°范围内调整。

（5）三个矫直辊通过球形万向接头与联合齿轮箱连接，全部为主传动并可无级调速。

（6）由于矫直辊辊身长，工作转角小（通常为2°~4°），因此管材每一断面通过孔型时受不少于25次弹塑性弯曲。

（7）薄壁短管矫直效果：被矫直管材能改善圆度公差，表面滚光无划痕。直线度可达0.2mm/m。

此外，据文献报道在20世纪80年代末，苏联冶金机器制造设计院为解决薄壁管矫直也同样制造出单辊座三辊矫直机。矫直管壁厚系数达30，矫直直线度为0.2~0.3mm/m。OBK 80×1型可矫直管范围为φ4~8mm，OBK 150×1型可矫直管范围为φ90~130mm。三个矫直辊也是垂直120°分布，辊面构成封闭孔型。但辊面设计采用相同的双曲线型面，管材的反弯矫直靠上矫直辊微调转角与二侧辊微调不同的转向形成对管材的反弯矫正。该机型三辊机架布置如图7-13所示。

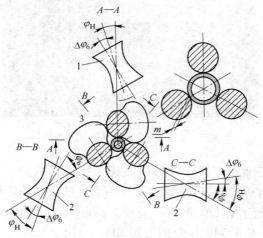

图7-13 双曲线辊形单辊座矫直机三辊位置图
1—辊1；2—辊2；3—辊3

8 滚珠旋压模具装置

滚珠旋压的主要工装为旋压模及芯模。合理的设计并确定其结构、尺寸,解决好相关的工装问题,对于得到高质量的旋压件尤为重要。

8.1 旋薄模具结构形式与设计

滚珠旋压模是管形件旋薄最主要成形工模具。由于管坯变薄过程中主导控制管件外形尺寸的是放置滚珠的凹模结构与尺寸。放置滚珠的旋压模按结构形式及旋压模尺寸能否调整,可分为尺寸不可调整的固定尺寸旋压模(图 8-1)和可调整尺寸的活动旋压模(图 8-2);

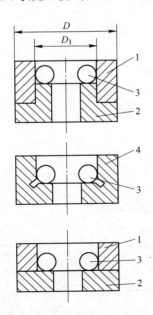

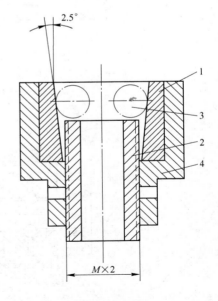

图 8-1 立式不可调旋压模
1—直模环;2—滚珠支承座;
3—滚珠;4—整体模

图 8-2 可调式旋压模
1—锥模环;2—螺纹支承座;
3—滚珠;4—模外套

按应用形式可分为立式旋薄机（图8－3）和卧式旋薄机（图8－4）两种结构形式。因为在立式旋薄过程中，滚珠放置简便随意，而卧式旋压方式，滚珠放置必须有滚珠位置保持架，以防滚珠脱落。按产品形式又可分为滚珠外旋压和滚珠内旋压两种形式的旋压模。图8－5中所示的旋压模是两次内旋压的卧式模具的结构形式。

在实际生产中，滚珠旋薄多为中、小直径精密管件。因此，应用最多的是图8－3所示的模具，常在液压驱动的立式旋薄机上使用。

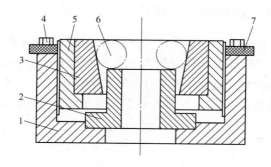

图8－3 立式可调旋压模

1—模外套；2—滚珠支承座；3—模环；4—锁紧螺钉；
5—调节套；6—滚珠；7—锁紧螺母

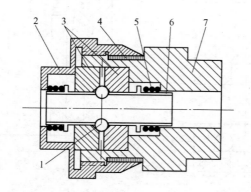

图8－4 卧式可调旋压模

1—滚珠；2—外套；3—模环；4—弹性垫；5—弹簧；
6—分离环；7—底座

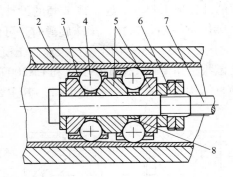

图 8 - 5　卧式二次内旋压模

1—管件；2—筒形芯模；3—保持架；4—滚珠；
5—锥模；6—螺母；7—芯杆；8—调整垫圈

固定式不可调的模具应用于定型类单一大批量管件，如成品管件总长度大于 50 ~ 100m 时，应用方便，经济效果良好。凹模内表面磨损出现沟槽后，经磨削可改制使用。

8.1.1　不可调整尺寸旋压模

设计时，固定不可调模外径尺寸 Φ_D 应与立式旋薄机旋转主轴内孔精密滑配，一般公差为 h6 ~ h8。直模环内径尺寸按下式计算：

$$D_1 = d_m + 2(t_f + D_p) \tag{8 - 1}$$

式中　d_m——芯模直径；

t_f——成品管壁厚；

D_p——滚珠直径。

计算后的 D_1 尺寸应减去管件的弹性回弹量，中、小直径管件回弹量通常为 0.02 ~ 0.05mm。模环的壁厚和高度尺寸根据其刚度和安装需要等来确定。

8.1.2　立式可调整尺寸活动模

在图 8 - 4 所示的可调活动模具中，模环 3 带有 2° ~ 3° 的锥面。通过调节套 5 的螺纹调整，可改变模环 3 和滚珠支承座 2 的相对位置，得到改变旋薄管件的外径成形尺寸。通常调节套的设计为旋转一周，可使管径尺寸变化 0.1mm 左右。这样，滚珠旋薄时，可使外径尺寸精度控制在 0.01mm 之内。图 3 - 13 示出了双层滚珠旋压模具结构图。

又据专利文献报道，专利 CN86209320 和 CN200951445 所公布的双层滚珠旋压模具结构示于图 8 - 6 和图 8 - 7。其主要功能都是在单

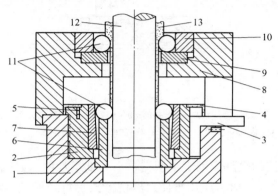

图 8 - 6 双层滚珠旋压装置 (A)

1—下模；2—动模；3—滑键；4—压板；5—螺钉；6—下模座；7—动模座；
8—上模；9—上模模板；10—上模模套；11—滚珠；12—芯模；13—管坯

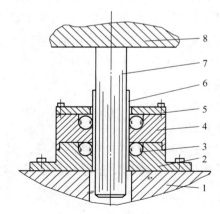

图 8 - 7 双层滚珠旋压装置 (B)

1—传动底盘；2—下工作模；3—滚珠；4—上工作模；
5—盖板；6—管坯；7—芯轴；8—油缸

道次减薄旋压中实现两道次的减薄效果，提高了生产效率。并有改善管件轴向直线度的效果。

图 8-6 及图 8-7 为两种双层滚珠旋压模具结构形式。

8.1.3 滚珠隔离圈

在立式旋压模滚珠旋薄过程中，布满模环的滚珠在高速旋转挤压管坯表面的同时，各个滚珠在自转中相互接触产生滑动摩擦。摩擦进一步加剧了滚珠磨损。为了减小磨损，延长滚珠的使用寿命，保证旋薄管件质量，在生产中也可以使用图 8-8 所示的滚珠隔离圈，把滚珠分开。隔离圈用黄铜材料制造。它能保证滚珠在旋薄过程中的正常运转，而不会落入旋压模中。

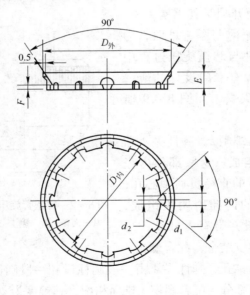

图 8-8 滚珠隔离圈

滚珠隔离圈外径 $D_{外}$ 比模环内径小 0.5～1.0mm，内径 $D_{内}$ 比变薄后管件外径大 1～1.4mm，滚珠孔 d_1 比选定的滚珠直径大 0.2～0.5mm，滚珠孔 d_2 比选定的滚珠直径小 0.6～1.0mm，滚珠隔离圈高度 E 比滚珠直径大 2～3mm，F 比滚珠半径小 0.5mm。滚珠数量 m 的选择，由式（2 – 8）求出 m_0 后，则用 $m = 0.7m_0$ 的整数设计。

8.1.4 薄壁管旋压管坯锁紧夹具

滚珠旋压管形件的一个突出优点是加工高精度超薄的管件。超薄管件的壁厚通常定义为 0.04 ~ 0.1mm。该种零件在精密机械、仪器仪表及电子技术等领域有着特殊应用。如在电子器件及仪表行业精密弹性元件波纹管零件壁厚有时需要 0.07 ~ 0.1mm 的无缝金属管液压成形。而在生产制造打印机及复印机行业中的金属定影膜不锈钢套管壁厚仅为 0.04mm 左右。在滚珠旋压超薄壁厚管件时，最常出现的是管件纵向裂纹和横向断裂。虽然旋薄废品产生的原因较多，但是在旋压过程中，周向力迫使管件与芯模相对扭曲滑动，而管件壁厚太薄不能承受扭矩而开裂是其因素之一。

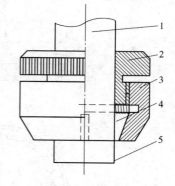

在滚珠旋压超薄壁厚管件时，为了避免管形件与芯模旋压过程中的扭转滑动，有专门设计的薄壁管管坯锁紧夹具，如图 8 – 9 所示。

该夹具由螺帽 2、弹性夹 4 和配合螺帽 3 组成。这些部件内径略大于芯模 1 的直径贯通中心孔，配合螺帽 3 的内孔由两段组成，上段内圆柱段并带有内螺纹，与螺帽 2 的外螺纹结合，配合螺帽 3

图 8 – 9　薄壁管旋压管坯锁紧夹具
1—芯模；2—螺帽；3—配合螺帽；
4—弹性夹；5—管坯

的内孔下段为锥孔，弹性夹 4 由一段圆柱段和一段圆锥段连接组成，弹性夹 4 锥度部分与配合螺帽 3 锥面相配，其锥度为 20° ~ 40°。在弹性夹 4 的圆锥段上有周向均布的 6 ~ 10 个沿轴向伸展径向贯通的长槽。

使用时，螺帽 2 与配合螺帽 3 旋合，螺帽 2 推动中间的弹性夹 4 沿着配合螺帽 3 的配合锥面锥孔向下运动，使弹性夹 4 的圆锥面收缩，实现夹紧功能。

8.1.5 卧式可调整尺寸活动模

图 8 - 10 和图 8 - 11 所示为卧式车床用可调活动模具。图 8 - 12 为滚珠径向尺寸调节原理图。

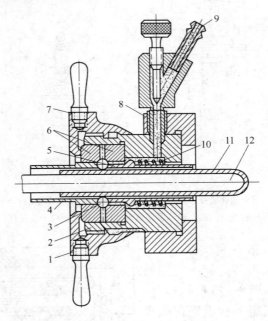

图 8 - 10 车床旋压头 1

1—调整螺母；2—壳体；3—滚珠；4，5—隔离圈；6—模环；7—手柄；
8—支架；9—冷却润滑油接头；10—定位弹簧；11—管件；12—芯模

在图 8 - 10 中，调整螺母 1，使带有锥面的两模环 6 轴向位置的移动调整滚珠径向尺寸的大小。

在图 8 - 11 中，转动调整套 5 可改变锥度套 6 的相对位置，从而可改变滚珠 4 的中心距。达到旋压时控制管件外径的目的。为了定量调整滚珠中心距，在调整套 5 的外径上开了一个槽，中间用调整插销 10 连接，这样每转动一个槽，滚珠中心距就扩大或缩小 0.01mm。夹具体 1 与调整套 5 为螺纹连接，螺距为 1mm，锥度套 6 的锥度为 1:10。

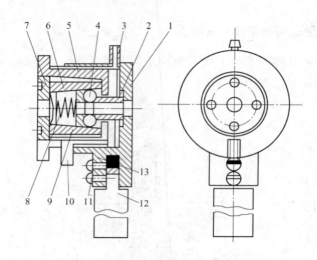

图 8 - 11 车床旋压头 2

1—夹具体；2—滚珠底座；3—冷却水嘴；4—滚珠；5—调整套；6—锥度套；

7—盖板；8—弹簧；9—挡圈；10—调整插销；11—螺钉；12—连接杆；13—连接轴

另外，根据专利文献 [58] 报道，有卧式短芯头旋压应用的旋压模具（如图 8 - 13 所示）。

图中，底座 1 和设置在底座上的旋压头 2，底座 1 的中间开设有模孔，在底座上还设置有凸台 4，其上面放有若干滚珠 5，在滚珠和凸台的外侧设置有旋压平模环 6，旋压平模环和旋压头之间

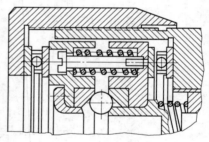

图 8 - 12 滚珠径向尺寸调节原理图

设置有斜盖板 7，它与滚珠 5 的接触面有一定的锥度。

8.1.6 前苏联滚珠旋压专用模具

前苏联滚珠旋压工艺技术的应用早于我国。其所采用的滚珠旋压设备很少专门设计制造，除特殊的、专用的旋压机床外，主要是对各类不同型号的车床进行适当改造，设计各种不同用途的旋压模具装

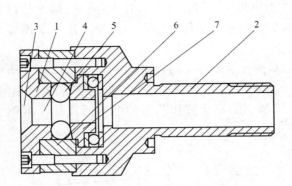

图 8－13 卧式滚珠旋压模具

1—底座；2—旋压头；3—模孔；4—凸块；5—滚珠；6—平模环；7—斜盖板

置和工艺装备，达到实现滚珠旋压节省设备投资、见效快及充分利用工厂现有机床设备的目的。

8.1.6.1 车床用单排滚珠旋压装置

图 8－14 所示的车床旋压装置结构是：

（1）两个支承模环 1 和滚珠 3 的位置依靠蜗轮副 6 和精调机构 7 调整确定。

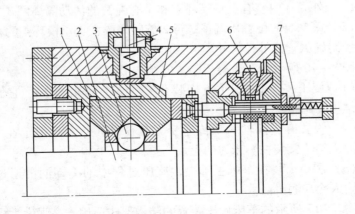

图 8－14 带调整机构的车床用旋压装置

1—支承模环；2—芯模；3—滚珠；4—径向调整部件；
5—浮动壳体；6—蜗轮副；7—精调机构

（2）支承模环1配置在浮动壳体5中，壳体5相对芯模2轴线的位置借助于径向调整部件4给定，以便保证支承模环1的对中精度。

（3）出口侧支承模环1可以随意调整与入口侧支承模环1之间的轴间隙，以改变滚珠3的径向位置，控制旋压管件外径尺寸。

图8-15所示的车床旋压装置的结构形式是（多用于直径小于15mm管件）：

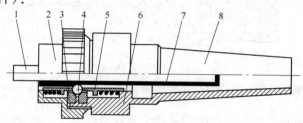

图8-15 外壳带锥体的车床用旋压装置

1—芯模；2—调节螺母；3—活动隔离圈；4— 支承模环；
5—滚珠；6—外壳；7—管件；8—锥体

（1）旋压装置中的锥体8配装在车床刀架上，卡盘夹持芯模1旋转。

（2）外壳6内装有支承模环4和带有弹簧的活动隔离圈3。

（3）滚珠5的位置用调整螺母2旋转来改变支承模环4的相对位移，控制旋压管件外径尺寸。

图8-16所示的车床旋压装置的结构形式是：

（1）旋压装置中的外壳6内装有支承模环5和滚珠4。它们的位置用螺母2调整。

（2）设置有止推轴承3传递受力负荷，其外壳6固定在支架7上，而支架7又装在车床刀架上。

（3）芯模1装在车床主轴上，旋压过程中的冷却润滑通过杯形件8输入冷却润滑液。

图8-17所示的车床旋压装置的结构形式适用于高强度大中型薄壁筒形件，其结构运作过程是：

（1）该滚珠旋压装置安装在C630型车床刀架上。

（2）主轴卡盘夹持芯模旋转，芯模上套有厚壁筒形坯料1。

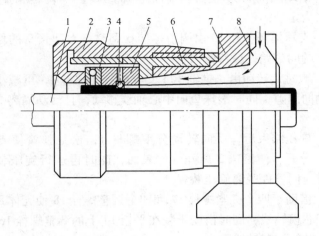

图 8 - 16   车床用旋压装置

1—芯模；2—螺母；3—止推轴承；4—滚珠；

5—支承模环；6—外壳；7—支架；8—杯形件

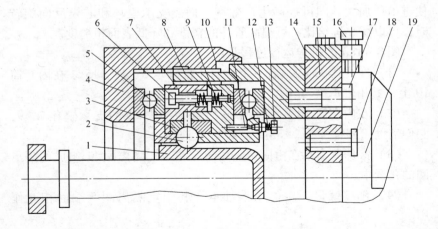

图 8 - 17   C630 型车床用旋压装置

1—坯料；2—滚珠；3，7，10—支承模环；4—分度螺母；5—轴承；

6，16，18—调整螺栓；8—壳体；9，12—弹簧；11—活动隔离圈；

13—调整螺丝；14—平板；15—支柱；17—夹紧螺栓；19—支架

（3）活动隔离圈 11 位置，借助于调整螺栓 13 调整和弹簧 12 预紧保持张力定位。

（4）支承模环 7 和 10 由调整螺栓 6 调整，在弹簧 9 的作用下支承模环 3 的间隙始终保持张力状态。

（5）顺时针转动由止推轴承 5 支承的分度螺母 4，可减小支承模环 3 的轴向间隙，同时滚珠 2 向中心轴线移动，且活动隔离圈随之移动。

（6）旋压结束后，反向转动分度螺母 4，松弛弹簧使支承模环 3、7、10 分开，使滚珠 2 离开管件表面，此时再运行旋压装置反行程，芯模连同管件脱离旋压装置。

（7）借助于四个夹紧螺栓 17 和四个调整螺栓 18 使壳体 8 的支承面垂直于芯模轴线，同时借助于装在平板 14 上的调整螺栓 16 可使壳体 8 中心轴线与芯轴线重合。

图 8 – 18a、b 所示的车床旋压装置的结构形式是支承模环主动旋转型弱旋压装置。支承模环回转速度可采用直流电机驱动进行无级调速。当支承模环与芯模同向旋转时，可以增加滚珠的公转圆周速度，使进给比加大，即可提高生产效率。而当支承模环和芯模反向旋转时，可以减小进给比，可提高管件的精度和降低表面粗糙度。

图 8 – 18a 的机构运行过程是：

（1）在壳体 13 内，有三个径向止推轴承 3、14、15 装在内套筒 10 上，并用轴承盖 16 固定。

（2）在内套筒 10 中装有带硬质合金垫块 22 的支承模环 7、9，它们借助于调整螺栓 21 和弹簧 20 相互连接。

（3）滚珠 8 支承在由固定隔离圈 5 和活动隔离圈 11 组成的隔离圈的孔洞中。

（4）细纹螺母 1 中的止推轴承 2 和固定隔离圈 5 端面相互作用。

（5）从动齿轮 17 用螺钉 18 固定在套筒 10 上，并用外罩 19 封闭。

（6）套筒 10 通过键 6 和支承模环 7、9 连接，细纹螺母 1 借助于手柄 4 转动调整滚珠 8 的径向位置。

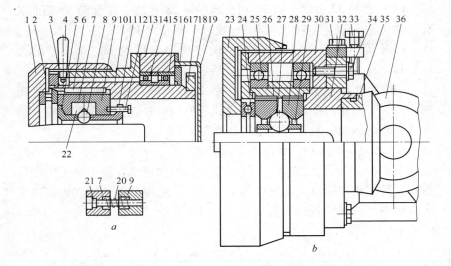

图 8 – 18　支承模环主动旋转型车床用旋压装置

a—带活动隔离圈的旋压装置；*b*—带固定隔离圈的旋压装置

1—细纹螺母；2—止推轴承；3，14，15—径向止推轴承；4—手柄；5—固定隔离圈；
6—键；7，9—支承模环；8—滚珠；10—套筒；11—活动隔离圈；12—弹簧；
13—壳体；16—盖；17—从动齿轮；18—螺钉；19—外罩；20—弹簧；
21—调整螺栓；22—垫块；23—螺母；24—止推轴承；25—轴承；
26—键；27—滚珠；28—支承模环；29—隔离圈；30—壳体；
31，33，34—调整螺栓；32—套筒；35—从动齿轮；
36—主动齿轮

（7）旋压操作开始前利用电力传动装置使两支承模环 7、9 连同套筒 10 旋转后，再开始管坯旋压操作。

图 8 – 18*b* 的旋压装置与图 8 – 18*a* 一样也是具有支承模环主动回转装置。它的结构是：

（1）其内套筒 32 装在壳体 30 中的轴承 25 上，在套筒 32 内置有两个支承模环 28。

（2）滚珠 27 装在滚珠隔离圈 29 中。

（3）入口支承模环 28 的端面支承在止推轴承 24 上，止推轴承另一侧面支承螺母 23。

（4）套筒32借助于键26和支承模环28连接，在套筒32端面装有从动齿轮35，它与主动齿轮36啮合。

（5）旋压装置壳体30位置的调整和固定借助于三个调整螺栓31、33、34来实现。

图8-18所示装置的缺点是：滚珠隔离圈笨重，使减薄率受限制，特别是当旋压壁厚较大的阶梯状零件的外径超过滚珠隔离圈入口支承模环内径时，就很难完成旋压操作。

8.1.6.2 车床用多排滚珠旋压装置

图8-19所示是双排滚珠旋压装置，增加滚珠在旋压装置中的排数，其目的是在单道次旋压过程中完成两次壁厚变薄，极大地提高道次减薄率。该图装置结构构成如下：

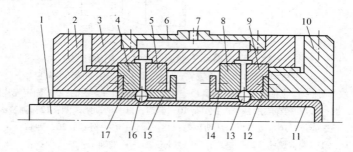

图8-19 双排滚珠旋压装置

1—芯模；2，10—螺纹法兰；3—壳体；4，5，8，9—支承模环；6—嵌块；
7—润滑孔；11—坯料；12，14，15，17—隔离圈；13，16—滚珠

（1）壳体3内装有四个支承模环4、5、8、9及四个组合滚珠隔离圈12、14、15、17和两排滚珠13、16。

（2）嵌块6上有一个润滑孔7，导入冷却润滑液。

（3）两对支承模环4、9的轴向定位，依靠两个螺纹法兰2、10的调整来确定滚珠13、16位置。

（4）管坯11套在芯模1上，芯模回转后旋压装置纵向进给。

图8-20所示是旋压小直径薄壳件双排滚珠旋压装置。

该装置不是装在车床刀架上，而是装在带莫氏锥9的尾座支架10上。每排滚珠5可单独地用细纹螺母4调整。

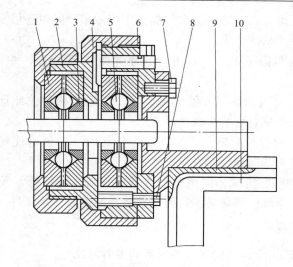

图 8 – 20　小直径薄壳件双排滚珠旋压装置

1—支承模环；2—壳体；3—隔离圈；4—细纹螺母；5—滚珠；6—套筒；

7—调整螺栓；8—螺栓；9—莫氏锥；10—支架

图 8 – 21 所示是三排滚珠旋压装置。其结构特点是可用厚壁管坯

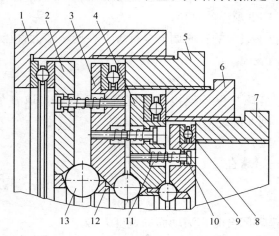

图 8 – 21　三排滚珠旋压装置

1—壳体；2，3，4，9—支承模环；8—轴承；5，6，7—细纹螺母；

10—螺栓；11—弹簧；12—组合隔离圈；13—滚珠

直接旋压成薄壳状零件，可大大提高生产效率，同时还可旋压变壁厚阶梯状管件。从图中可见：

（1）支承模环 2、3、4、9 分别靠弹簧 11 等相连，并置于壳体 1 中。

（2）具有内外细螺纹的螺母 5、6、7 以阶梯状彼此连接，它们的调节可调整任意排的滚珠位置。

（3）顺时针方向转动三个细纹螺母 5、6、7 就可使相应的支承模环 3、4、9 轴向移动。

（4）调整好滚珠径向位置后，就可进行旋压变形。反时针方向转动最后一个细纹螺母 7 就可使最后一排滚珠脱离旋压件。旋压装置返回待机位置。

8.1.7 卧式用可调径向尺寸的模环调整计算图

图 8-22 所示为卧式用可调径向尺寸的模环调整图。模环支承面的宽度 L 与滚珠的径向调节行程 s 的关系为：

$$\cos\gamma = \frac{s}{L} \qquad L = \frac{S}{\cos\gamma} \qquad (8-2)$$

式中 γ——模环支承面的倾角。

设计时要求滚珠的径向调节全行程 S 在旋压最大直径时滚珠应不超过保持架内表面，即

$$S \leqslant d_{\mathrm{p}}/2(1-\cos\beta) \qquad (8-3)$$

式中 β——滚珠与保持架接触点位置的角度。当取 β 值为 72°时，则 S 的近似值为：

$$S \approx 0.35d_{\mathrm{p}} \qquad (8-4)$$

式中 d_{p}——滚珠直径。

因而

$$L \approx \frac{0.35d_{\mathrm{p}}}{\cos\gamma} \qquad (8-5)$$

当两个模环闭合时，滚动面的宽度 L_{c} 为：

$$L_{\mathrm{c}} = d_{\mathrm{p}}/2\cot\gamma$$

设计计算时，必须满足 $L_{\mathrm{c}} > L$ 的条件。

根据图 8-22 中的几何关系，在模环支承面的倾角 $\gamma > 45$°时，

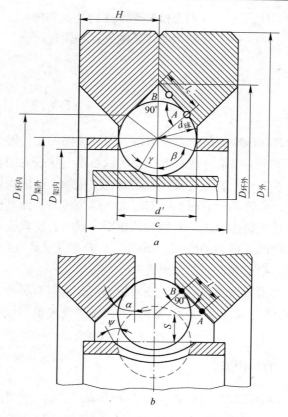

图 8 - 22　卧式用可调径向尺寸模环调整图

a—闭合时的模环；b—分离时的模环

将大大减少调节行程 S 值。根据生产实践，在确定选取滚珠直径 d_p 后，模环支承面的倾角 γ 的取值在 $30° \sim 45°$ 范围内选择。模环和保持架在图中尺寸几何关系由下列各式确定：

$$D_{环外} = d_p (D_f/d_p + 1 + 1/\sin\gamma) \tag{8-6}$$

$$D_{环内} = d_p (D_f/d_p + 1 + \sin\gamma) \tag{8-7}$$

$$D_{架外} = d_p (D_f/d_p + 1) \tag{8-8}$$

$$D_{架内} = d_p (D_f/d_p + 0.7) \tag{8-9}$$

$$H = d_p \cos\gamma \tag{8-10}$$

式中　　$D_{环外}$、$D_{环内}$——分别为模环支承面的外径和内径；

　　　　$D_{架外}$，$D_{架内}$——分别为保持架的外径和内径；

　　　　　　　　D_f——管件外径；

　　　　　　　　H——模环的宽度。

8.2　芯模

　　芯模通常是滚珠旋薄确定变形件内径的重要工具。因为滚珠旋薄工艺加工产品多为筒形件或管形件，所以芯模形状多为圆柱体。

　　旋压时，芯模外表面与管坯内表面直接接触，而滚珠旋薄是逐点挤压的特点，会使芯模表面承受着很大的单位压力。而其作用力的方向是沿着螺旋线轨迹变化，产生大的扭矩。同时，材料变形会沿着芯模接触面流动产生很大的摩擦。所以，要求芯模应具有足够的强度、刚度、硬度、精度和良好的耐磨性。

　　同时，芯模表面应具有好的表面粗糙度，不得有裂纹、划痕、擦伤和倒锥等缺陷。最好还要求芯模材料热敏感性要低和线膨胀系数要小。

8.2.1　芯模的结构形式

　　中、小型旋薄管件产品直径多在 $\phi40$mm 以下，应用的专用设备多为液压驱动立式旋薄机（见图 11 – 4）。芯模结构一般包括工作部分和连接部分。连接部分靠油缸的活塞杆端头的卡盘夹持。

　　芯模的常用形式如图 8 – 23a、b、c、d 所示。

　　其中 a、b 为卡盘夹持连接形式。

　　芯模的连接多用 c、d 连接形式。此时传动模式为芯模旋转，旋转主轴端部加工有莫氏锥孔或端部法兰，供芯模连接应用。

　　滚珠旋薄直径为 $\phi40\sim150$mm 的管件设备多为卧式旋压机，其设备外形见图 11 – 17。

8.2.2　芯模的精度要求

　　通常，对滚珠旋薄的管件都有较高的精度要求，所以加工制造芯

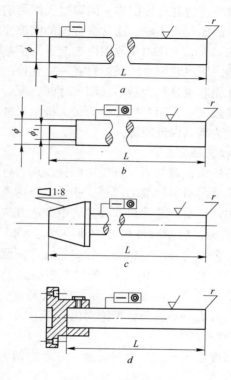

图 8-23 滚珠旋压芯模

a，b—立式机用；c，d—卧式机用

模的精度一般还要高于管件的要求精度。

8.2.2.1 芯模直径尺寸精度

芯模直径尺寸精度等级为 h6～h9，表面粗糙度 R_a 为 0.2～0.8μm，降低芯模工作部分的表面粗糙度，便于管件的装卸，减少旋压时的摩擦阻力，便于金属流动延伸成形，也有利于降低管件内孔的表面粗糙度，减轻芯模与管内壁的摩擦，并提高芯模的使用寿命。根据生产经验，铬钨锰合金钢芯模在旋薄成品管 40m 左右，对于不同材质和减薄率，会使芯模直径尺寸减小 0.005～0.015mm。

8.2.2.2 管坯与芯模间配合间隙

旋薄前，管坯需先套到芯模上，因此，要求管坯与芯模间必须有配合间隙。间隙过小，使套管坯困难，间隙过大则影响旋后管材内径尺寸精度，使管材贴模效果不好。通常，合理的间隙要根据零件要求精度选择，一般在 H6/h6 ~ H9/h9 范围内选配。由于芯模直径和管坯内径都有制造公差，所以它们之间间隙存在一定允许范围。当管坯内径为最大极限尺寸而芯模外径为最小极限尺寸时，配合间隙最大。当毛坯内径为最小极限尺寸，而芯模外径为最大极限尺寸时，配合间隙最小。此最小间隙为基本保证间隙。

8.2.2.3   芯模直径公差

芯模直径公差确定正确与否，直接影响旋薄后管件的内径成形尺寸精度。综合考虑旋薄材料种类的回弹、胀径、减薄率、进给比等因素的影响，根据生产经验，芯模尺寸公差一般要求在成品管件内径公差带中下限加工制造。例如旋薄尺寸为 $\phi16_{-0.02}^{\ \ 0} \times \phi15 \pm 0.02\text{mm}$ 不锈钢管，选择芯模公差为 $\phi15_{-0.02}^{-0.01}$ 加工较为适宜。而此时管坯内径应为 $\phi15\text{mm}$，公差为 $+0.02 \sim 0.04\text{mm}$。所以芯模直径公差的确定，通常取管件内径的负偏差值，可参考如下近似公式确定：

$$d_\text{m} \approx d_\text{f} - \text{公差带绝对值一半}$$

8.2.2.4   芯模长度 L

正旋时芯模长度要大于成品管的长度，并考虑切头损耗。反旋时芯模长度可取短一些，但是设计时，如果制造工艺允许，芯模长度还是要尽可能加长加工。因为，反旋压管件离开芯模易产生端部歪扭，影响管件的尺寸精度和直线度。芯模端部圆角 r，在正旋时略小于筒坯底部内侧圆角，反旋时对芯模端部圆角半径无具体要求。对于在卧式旋薄机中使用较大直径的芯模端头需要加工顶尖孔，确保尾顶支承后，以提高芯模在旋薄时的刚性和稳定性。

8.2.2.5   芯模形位公差

（1）芯模端头夹持台阶要求保证与芯模工作部分良好的同轴度，通常不低于 ±0.02mm。

（2）为了减小旋薄管件的壁厚偏差，要求芯模平直，保证直线度不低于 0.02/200mm。安装使用时芯模的跳动量不大于 0.03 ~ 0.05mm。

（3）若芯模端部采用锥面连接，考虑到要与旋压机旋转主轴锥孔相匹配,其锥度一般选用1:8,1:10。此时具有良好的自锁性和能承受较大的外力,并使芯模拆卸方便。

8.3 旋薄用模具材料及热处理

滚珠旋薄所用旋压模无论是固定式还是可调整的活动模具中模环和滚珠支承座在变形旋薄时都和滚珠直接接触,滚珠承受的很高的压力都直接传递给旋压外模和芯模。而且还要承受旋薄过程中产生强烈摩擦和变形热能。对于难熔金属的热旋压,模具还要具备高温强度的耐热性(如热硬度、抗氧化性和相转变温度等)。

这些工艺特点决定了必须对旋薄模具材质提出较高要求,使之具有较好的强度、硬度、刚性、耐磨性和耐热性。

在生产应用中,一般根据被旋材质性能、旋压条件、管件批量及成形方式来选择模具材料,对于批量小及软金属旋薄可使用价格便宜的中碳钢45或碳素工具钢T10等材料。然而,在滚珠旋薄生产实践中,生产产品多为高尺寸精度、高表面质量的管件,相应旋薄模具也必须有高强度及尺寸稳定性。因而,旋薄用的旋压外模及芯模多选用合金工具钢、高速钢、轴承钢,并需进行强化热处理。表8-1列出常用的模具材料及其热处理工艺要求。为了提高旋压外模的使用寿命,图8-24所示的可调整活动旋压模模环和滚珠支承座采用硬质合金镶套的方式,其模具旋薄使用次数增加到钢模具的5倍以上。

表 8 -1 模具材料及其热处理工艺要求

旋压方式	材料牌号	硬度 (HRC)
冷 旋	CrWMn	55 ~ 60
	GCr15	60 ~ 62
	TA10	55 ~ 58
	P18	58 ~ 64
	9Cr2	60 ~ 62
热 旋	3Cr2W8V	53 ~ 58
	Cr12Mo	60 ~ 64
	GH130	60 ~ 64

8.4 滚珠质量

滚珠旋薄工艺中，滚珠作为变形工具相当于强力旋压的旋轮作用功能。所以它具有使用方便、模具结构简单的特点。滚珠的质量（如表面粗糙度、直径误差、直径相互偏差、球形偏差及硬度等质量参数）对旋薄管件尺寸精度、表面粗糙度有很大影响。特别是要求在同一模环内滚珠直径误差不得超过 0.002mm。滚珠硬度低会导致滚珠磨损太快，使旋薄管件尺寸公差变大。表 8-2 及表 8-3 列出相关滚珠精度数据，可供选用时参考。

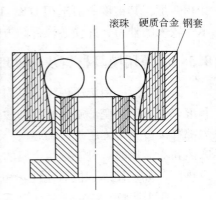

图 8-24 硬质合金模环模套

表 8-2 常用钢球（滚珠）的公称直径

公称直径/mm	英制尺寸/in	公称直径/mm	英制尺寸/in	公称直径/mm	英制尺寸/in
2.000		6.350	1/4	10.319	13/32
2.381	3/32	6.500		10.500	
2.500		7.000		11.000	
2.778	7/64	7.144	9/32	11.112	7/16
3.000		7.500		11.500	
3.175	1/8	7.938	5/16	11.906	15/32
3.500		8.000		12.000	
3.969	5/32	8.334	21/64	12.303	31/64
4.000		8.500		12.500	
4.366	11/64	8.731	11/32	12.700	1/2
4.500		9.000		13.000	
4.762	3/16	9.128	23/64	13.494	17/32
5.000		9.500		14.000	
5.159	13/64	9.525	3/8	14.288	9/16
5.500		9.922	25/64	15.000	
5.953	15/64	10.000		15.875	5/8
6.000				16.000	

表8-3 钢球形状误差和表面粗糙度

等级	最大球直径变动量 V_{Dwx}	最大球形误差	最大表面粗糙度 $R_a/\mu m$
G3	0.08	0.08	0.010
G5	0.13	0.13	0.014
G10	0.25	0.25	0.020
G16	0.4	0.4	0.025
G20	0.5	0.5	0.032
G24	0.6	0.6	0.040

滚珠硬度 HRC > 61~66。在旋薄大批量管件时，如使用前述的硬质合金模环和支承座，可与碳化钨滚珠配合使用。

9   滚珠旋压管形件的质量控制和缺陷分析

滚珠强力旋压管形件的质量控制及要求是比较严格的。根据管件的实际应用场合和技术要求的不同而有所不同。其中高精度旋压设备、完备的工装及合理的工艺参数的选择是旋压高质量管件的必备条件。已旋制管件质量控制的技术指标及主要检验内容有材料组织结构、力学性能、尺寸及形位精度和内外表面质量等。

9.1   滚珠旋薄管件质量要求

随着现代科学技术的发展，尤其是在军工、电子、医疗器械、精密仪器等领域，人们对旋薄管件的尺寸和形状精度及性能有了更高的要求。滚珠旋薄管形件是以滚珠作为变形工具，在加载外力的作用下对金属管材壁厚变薄延伸的工艺过程。由于塑性变形是逐点、连续、局部的旋转挤压过程，具有减薄率高和成形精度高的特点。它是中、小直径薄壁管有效的压力加工方式。在设备投资及质量保证方面，它比拉拔、轧管及旋轮强旋更具有独特优势。因此，滚珠旋薄工艺在现代精加工领域获得日益广泛应用。而对旋薄管件的质量保证是产品应用的最重要的前提，也是对滚珠旋薄成品率提高的有力保障。管件的质量要求根据应用场合的不同，有不同的侧重要求。如应用镍铜合金旋薄的电真空器件行波管管壳，对尺寸精度和形位精度及直线度都有严格要求，其内、外直径公差值均在 0.01~0.03mm 范围内，使用强度要求大于 500MPa，内、外表面粗糙度低于 0.6μm。而对一些医疗器械手术用的不锈钢外套管的外径要求不严，只是对表面粗糙度和使用强度及性能稳定性有要求。总之，对旋薄管件的质量要求一是加工精度，二是使用性能。

9.1.1   加工精度要求

（1）尺寸精度：包括外径、内径、壁厚及长度公差要求。
（2）形位精度：包括直线度、圆度、圆柱度、同轴度及垂直度要求。

（3）表面粗糙度要求。

9.1.2 使用性能要求

（1）金属组织状态：晶粒大小、金属纤维分布及残余应力状态。

（2）力学性能：硬度、强度、弹性、韧性要求及性能均匀性。

（3）使用工作寿命及长期存放的尺寸精度稳定性。

9.2 旋薄管件主要质量指标及缺陷表现形式

9.2.1 旋薄管件的直径精度公差控制

9.2.1.1 管件外径公差控制

滚珠旋薄管件时，其管件外径的控制主要依据放置滚珠模环的内径尺寸的大小确定。径向尺寸不可调的固定旋压凹模，多用于大批量、单一尺寸管件加工，凹模内径尺寸确定要考虑到材料旋后的弹性变形，经多次试旋对凹模修磨最后达到使用要求。但是，目前旋压模具的模环内孔多采用2°～3°的锥角的可调整模具，其结构如图8-4所示。模环连同模套在旋压模座中旋转调整上升或下降一圈仅能使管件外径变化0.08～0.12mm。因此，在其他旋压工艺参数不变的条件下，旋转模环一个转角可容易控制外径的尺寸精度达到0.01mm之内。

此外，旋压工艺参数的选择确定对旋压管件外径精度的保障有直接影响，采用小进给比、合理的旋压角，改善管坯椭圆度，减小壁厚偏差都有利于管径外径公差控制。

9.2.1.2 管件内径公差控制

旋薄管件的内径尺寸公差的控制比起外径尺寸控制要复杂得多。首先，管件内径精度取决于芯模尺寸公差和与管坯内径间隙大小的确定。其次，芯模与旋压凹模的对中，管坯内径的精度，旋压过程贴模程度及材料种类，旋压方式及工艺参数的选择等因素都会对旋后管件的内径精度产生影响。

芯模的直径公差多根据生产经验确定。考虑到工艺参数对贴模或胀径的影响，通常在管件内径公差带的下公差或小于下公差的范围内确定芯模直径值。而管坯内径保持与芯模精密滑动配合间隙。

在滚珠旋薄过程中，最常出现的精度问题是内径扩径现象。扩径不仅导致内径尺寸产生误差使管件报废，而且还会影响管件圆度误差。无论是正旋还是反旋在接近管件端头部位扩径现象更明显，形成喇叭口状。因此，在滚珠旋薄时的扩径现象必须严格控制。从旋压变形机理上分析可知，滚珠强旋变薄时，变形区金属是逐点挤压渐进的三向变形。材质在滚珠以旋压角 α 的旋转咬入下，受到滚珠轴向推力作用，大部管壁材质沿轴向流动延伸是成形的主要目的。然而材质同时也产生切向流动，形成切向拉伸应力，导致管件扩径。材质的切向流动产生扩径现象类似于压力加工环锻或轧制中的横向宽展现象。

通过分析旋压过程可知，滚珠接触区的几何形状是影响材质切向流动的主要因素。由于滚珠旋压是由众多滚珠环绕管件周围同时环挤管坯，而不像旋轮强旋时只有两三个旋轮分布管坯周围。由于变形体是一个整体，众多的滚珠有利于限制材质切向流动。所以滚珠旋压时的扩径现象比旋轮强旋要少得多。在生产实践中，中、小直径滚珠旋薄时扩径量最多也仅有 0.04 ~ 0.12mm。

国内外众多学者[31]为了控制强力旋压管形件的扩径现象作了很多研究，同时总结生产实践经验对滚珠旋薄工艺参数的合理选择同样是十分重要的。归纳有关控制扩径的主要措施有：

（1）大的滚珠直径比小的滚珠直径更易扩径。所以在工艺参数合理范围内，尽可能选取小的滚珠直径。

（2）进给比的增大有利于管件贴模，减轻扩径趋势。

（3）减薄率对扩径的影响：30% 左右的最佳减薄率有利于管件贴模。在减薄率小于 15% 时，管坯多发生表层变形，存在不均匀变形，管件贴模不好容易扩径。有时贴模太紧不易脱管时，也有的采用极小变形量滚压以达到目的。

（4）正旋压时的应力状态有利于材料向自由端轴向流动，不像反旋时那样受反作用力阻碍，所以正旋压时扩径小于反旋压变形方式。

（5）材料的种类和性能：材料不同，扩径情况往往有较大差别，扩径随着材料硬度和屈服极限提高而增大。退火软化后材料旋压时明显有利于缩径。减小原始管坯与芯模间隙有利于缩径。

（6）连续多道次旋薄，有进一步扩径的趋势。

9.2.1.3 管件壁厚精度控制

滚珠旋薄管形件的壁厚精度体现为壁厚绝对值偏差和旋后管件壁厚匀度偏差，也就是管件内外同轴度偏差。管件壁厚绝对值偏差在工程上用最大差值的形式表示。由于滚珠旋薄多应用于薄壁中小直径管材，根据滚珠旋薄特点，管件壁厚精度一般可控制在 ±0.03mm 以内，通过严格的工艺手段，高精度管坯旋薄后可使壁厚精度达到 0.002~0.01mm。

影响管件壁厚精度的主要因素是：

（1）芯模在旋压机上夹持后与凹模对中度偏差；

（2）原始管坯的壁厚偏差状况、直线度、圆度、组织均匀性等；

（3）提高芯模和旋压凹模制造精度和刚性，有利于壁厚偏差减小；

（4）减薄率和进给比过大，易使壁厚偏差加大；

（5）良好的润滑与冷却有利于减小壁厚偏差。

9.2.2 旋薄管件内、外表面粗糙度

滚珠旋压工艺的突出特点是管件可以达到很好的外表面粗糙度，一般可达到 1.6~0.8μm，有的可达到 0.2~0.4μm。外表面粗糙度主要与滚珠直径及旋压工艺参数有关。在选择合理的旋压角 α 条件下，选用大的滚珠直径 D_p 和减小进给比 f 可改善管件内、外表面粗糙度。

管件内表面粗糙度主要取决于芯模和管坯内孔的表面状况。可根据对管件内孔表面粗糙度的要求，选择加工芯模外表面粗糙度等级。通常加工芯模外表面粗糙度等级要高于管件的内孔等级要求。滚珠旋压的管坯一般是压力加工无缝管或板坯冲压件。原始材料的内、外表面粗糙度一般不低于 1.6μm，若要求管件的内表面有很高的表面精度，必须在旋薄前对管坯进一步深加工。例如多道次减径拉拔或扩孔

以获得好的管坯内表面粗糙度。

此外，无论是在常温还是加热强力旋压变薄过程中，良好的润滑条件都是保证管件表面质量的必要条件。

9.2.3 表面剥皮

在滚珠旋薄管件过程中，无论是正旋还是反旋方式，都会经常发现在旋压变形区的滚珠前端形成多余金属堆积。并且伴随着旋压过程的进行，堆积金属也越来越多，并附着在管坯上，这一现象称为剥皮现象。

在滚珠旋薄过程中，剥皮现象也并非绝对禁止的。因为旋压过程有剥皮现象可以使得旋后管件具有很好的表面粗糙度和光亮度。图9－1所示为剥皮实体照片。图中左管件为整体剥皮，图中右管件为开裂剥皮。

图 9－1 滚珠旋薄剥皮实体图

通过大量生产实践发现剥皮的产生与下列因素有关：

（1）管坯原始壁厚越厚，越容易产生剥皮；

（2）道次减薄率越大，越容易产生剥皮；

（3）滚珠直径越小，越容易产生剥皮；

（4）进给比越大，越容易产生剥皮；

（5）管坯材质越软，越容易产生剥皮。

总之，过量剥皮会导致金属材料的过多损失，而且伴随旋压过程的剥皮过多积累，会使减薄率增大，旋压力增大，引起管件在剥皮与滚珠接触区发生横向断裂。

通过金属在旋压过程中的塑性流动分析，剥皮的产生是滚珠旋挤材料在变形区非稳定流动所引起的。从第 2 章介绍的旋压的原理图可知：旋压角 α 是滚珠半径 R_p 和减薄量 Δt 的函数。

即：
$$\alpha = \arccos \frac{R_P - \Delta t}{R_P}$$

生产实践证明，旋压角 α 为 15°～25°时是稳定区，旋薄管件不易产生剥皮现象。而 α 为 30°～45°时，是操作者经常选用的工艺参数区域，称光亮区。虽然在此区域产生不同的剥皮形式，但是为了全面达到生产效率与产品精度的要求，操作者往往选用不同的旋压角，以达到所需旋压的目的。

图 9-2 所示是金属材料在稳定变形区的流动情况。此时旋压角 α 小于 25°左右。

当减薄率不变时，随着滚珠直径的减小，旋压角 α 增大，此时金属材料流过滚珠的难度也增大。滚珠前方原本为刚性区的金属在较大轴向压应力作用下，满足了塑性屈服准则而发生塑性变形。而金属管材表层为无约束的自由表面，此时，金属塑性流动的径向速度分量 V_r 和轴向速度分量 V_z 的比值发生了变化。当减薄

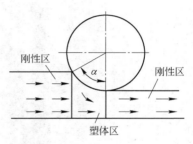

图 9-2　金属材料稳定
流动示意图[7]

率增大或滚珠直径减小时会引起径向速度分量 V_r 增大，而轴向速度分量 V_z 减小。在此状况下材料的流动趋势发生了变化，多余金属材料开始向滚珠前方流动形成堆积，如图 9-3 所示。随着堆积金属在滚珠前不断增加，堆积区的金属材料的应力状态发生了改变，产生拉应力，随着拉应力的增大，堆积区金属与管坯主体失去连续性而剥离，也即产生旋薄时的开裂性剥皮或整体剥皮，如图 9-4 所示。因而在合理选择旋压角时，应尽量兼顾滚珠直径不要选取太小，以减少旋薄过程的剥皮损失。

剥皮的产生还与材料性能有关，通常软质金属合金容易产生剥皮。例如在分别旋薄无氧铜管和不锈钢管时，工件尺寸、减薄率和滚珠直径相同，旋压后不锈钢管无剥皮产生（图 9-5 右），而无氧铜管则产生大量整体剥皮（图 9-5 左）。

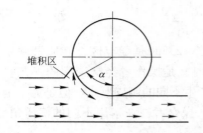 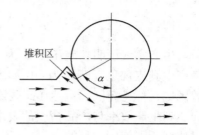

图 9 – 3　金属材料发生堆积示意图　　　图 9 – 4　金属材料发生剥皮示意图

图 9 – 5　金属材质对剥皮产生的影响

　　为了避免过多的剥皮损失，选择较大的滚珠直径，并合理选择旋压角 α，减小减薄率 ψ 及降低进给比 f 是减少剥皮损失的有效工艺手段。

9.2.4　表面裂纹与破裂

　　滚珠强旋管形件是以旋压薄壁管为主。特别是在电真空器件及弹性元件应用领域，管壁多为 0.08 ~ 0.8mm。由于各种原因，如原始材料内部组织缺陷和工艺参数确定不当，都可能使管件表面出现裂纹和肉眼不可见隐形裂纹，造成旋后管件报废。为此，重要的零件必须进行探伤或密封真空检验，以提高零件应用可靠性。管件表面出现破裂与裂纹的分布有横向裂纹、纵向裂纹和点状局部开裂。其典型管件开裂实体图见图 9 – 6 和图 9 – 7。

图 9 - 6 管件横向开裂

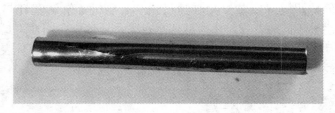

图 9 - 7 管件纵向开裂

各种类型表面开裂现象产生的原因分析如下：

引起旋压管形件开裂的主要原因有材料缺陷、管坯状态、工艺参数以及变形不均匀等。

（1）在冷旋薄时，管坯原始组织中如果非金属夹杂过多，存在气孔等缺陷，会在旋薄过程中逐渐暴露，产生局部裂纹或开裂，这也是材料在旋薄过程中的自检过程。

（2）当减薄率过大时，超过材料的塑性变形能力会发生横向断裂。尤其在正旋压时在滚珠前方产生剥皮过多堆积，引起减薄率增大，使轴向力进一步增大，轴向拉应力超过材料强度极限，旋压过程失稳造成横向断裂。而当减薄率过小时，大的进给比易造成管件壁厚内外变形不均，正旋时易出现拉裂，反旋时易出现折裂。

（3）在热旋压难熔金属管材时，大多用粉末冶金烧结的管坯。如果组织密度低于 92% 或晶粒过大，旋压温度过低，加热不均或中间道次不退火，未消除内应力，则会导致管件开裂。

（4）在冷旋多道次加工时，材料加工硬化，塑性、韧性降低，而又未增加中间退火，就会产生纵向裂纹。滚珠旋薄加工对材料的塑性指标要求不高，但管件出现各种开裂现象最多的原因是工艺参数选择不当的结果。尤其是旋压较薄壁厚管件（小于 0.3mm）滚珠直径应尽量选小的。对于塑性差的低可旋性材料，应尽量用反旋工艺方法，以充分利用有利的塑性变形应力状态。

9.2.5 表面波纹

滚珠旋薄由于有变形区接触面积小，轴向进给比小的特点，旋压管件表面平整，粗糙度和尺寸精度好。但是当工艺参数选择不当时，如放置滚珠凹模（或芯模）转速过快、旋压机油缸活塞杆与放置凹模旋转主轴不同心，在旋压时减薄率过大，导致设备刚性不足而引起强烈振动，会在旋后管件表面引起表面波纹。它不同于管件表面的旋纹，波纹深度大于旋压纹。如图 9-8 和图 9-9 所示。

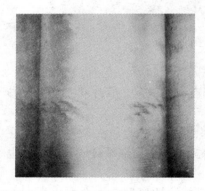 

图 9-8 表面局部波纹　　　　图 9-9 表面波纹状管件

此外，当管坯壁厚不均时，旋压过程的减薄率产生周期性变化，也会产生波纹状表面。其结果是表面粗糙度增大，外径尺寸精度下降和椭圆度加大。为了避免旋后管件表面波纹现象，必须降低减薄率和进给比，并严格控制管坯的壁厚偏差。

9.2.6 表面起皮

旋薄后管件表面经常出现鱼鳞状起皮，直接影响零件外观，使表面粗糙度增大。其产生原因是旋薄时的剥落末屑或开裂性剥皮，随着金属堆积有时剥皮屑会落入旋压凹模内，被滚珠挤压到管件表面，形成剥离起皮。

图9-10所示为表面剥离起皮实体照片。

图9-10 管旋薄后表面起皮实体图

如果管坯材质存在局部夹杂缺陷，在旋薄过程中会暴露形成起皮缺陷。例如在旋压超薄不锈钢 1Cr18Ni9Ti 管材时（壁厚<0.2mm）会在表面出现毛刺、起皮或斑点坑（如图9-11所示）。经金相分析，这是由不锈钢中钛化合物夹杂和熔炼偏析造成的。如果改进熔炼工艺，应用感应炉＋电渣重熔的方法，可以提高 1Cr18Ni9Ti 管材的致密性，降低钛的夹杂，从而提高成品率和表面质量。若采用真空感应炉＋电渣重熔的冶炼工艺，将会进一步避免固有缺陷。但此时加工成本会大大提高。

图9-11 管件材质缺陷引起表面起皮

在加热旋薄难熔金属钼筒时，由于加热温度过高（高于800℃时）其表面易产生脆性氧化皮，旋压后附着在表面也会形成鱼鳞状起皮。此外，在生产实践中发现软质材料铝及一些塑性好的铝合金也容易产生剥离起皮。

为了避免旋压起皮现象，应适当控制减薄率，减小进给比，选用较大滚珠直径，并在旋薄过程中加强充分冷却和润滑。

9.2.7 管件表面不平整及鼓包

在滚珠旋压薄壁管件（$t_f < 0.5mm$）时，管件表面常会出现局部表面不平整及鼓包现象。这是旋压过程金属流动失稳，金属质点轴向流动受阻不能正常贴模而产生周向流动的结果。如图 9 – 12 和图 9 – 13 所示。通常，影响管件表面产生不平及局部鼓包的因素是减薄率过大，进给比过小，成品壁厚太薄，管坯与芯模间隙过小等，这些因素都会引起金属质点轴向流动失稳。尤其是软金属更易产生局部鼓包。

图 9 – 12　管件表面不平整　　　　图 9 – 13　管件表面局部鼓包

此外，在热加工旋薄时，如果温度过高，进给比偏小，也同样会出现鼓包现象。因而在旋压薄壁管件时，要尽量保持合理的管坯与芯模间隙，适当加大进给比，有效控制管件的贴模效果，避免鼓包现象的产生。

9.2.8 管件轴向弯曲、扭曲

滚珠旋压管形件的长径比通常都在 30 以上，一般应用于像电子器件、医疗器械、精密仪器及军工等工业部门。不但尺寸精度要求高，而且行位公差（如直线度精度）也要求严格。通常要求在管长100mm 时，直线度不低于 0.02mm。然而滚珠旋薄管件的直线度常常不尽如人意，出现轴向弯曲或扭曲。我们认为凡影响管件圆度和壁厚精度的因素，都可能引起管件轴向弯曲和扭曲。产生原因之一是管坯壁厚偏差变薄时引起减薄率的不均匀而使轴向延伸不平衡，管壁厚处延伸多的一侧产生拉应力，而管壁薄处延伸少的一侧产生压应力，旋后管件为了保持应力平衡，使之管件产生轴向一维弯曲或二维扭曲。为此，要求滚珠旋压管坯壁厚偏差要小于 5%。拉拔、轧制管坯壁厚偏差大时，应预先减壁深加工以保证达到合格管坯质量要求。

此外，旋压机轴向对中同轴度偏差大，旋后管件也容易出现弯曲。为此，旋压机设计的芯模夹持卡爪都具有球面万向对中，调整旋薄过程自动调心对中。

9.2.9 管件内壁划伤

旋压后管件内壁引起划伤的主要因素有：

（1）旋压工艺不合理造成管件抱紧芯模脱模困难；

（2）芯模硬度低，芯模几何形状误差大，例如弯曲、不圆度超差、表面粗糙度差等；

（3）管坯内表面清洗不净，有杂质、氧化皮，芯模与管件之间有金属屑、砂粒等。

9.2.10 管件内壁异形断面形状不充满

滚珠旋压内腔异形断面薄壁管也有广泛应用。如应用在制冷空调器散热铜管内壁有螺旋形齿槽及电真空器件行波管管壳内壁有圆弧、矩形、梯形等沟槽的异形薄壁管，都有其独特性能。然而旋薄过程是由圆管旋压成异形断面管，存在明显的不均匀变形。旋后常见的缺陷是内腔异形断面充填不饱满。如图 9-14 中上图所示。而图 9-14 中下图所示为改善工艺后的成形效果。图 9-15 是凸缘管壳旋压成形断面示意图。内壁成形的 a 点处常常出现金属流动不充满。通过生产实践观察，当道次壁厚压下量较小（$\Psi < 30\%$）而原始壁厚较厚时（大于 1.5mm），金属材料流动多趋于轴向流动，而处于芯模沟槽处的径向流动较少。此时，管坯外壁向内壁所传递的旋压力逐渐减小，当旋压力减小到无法满足管坯内壁屈服准则时，材质也就无法向芯模凹槽处发生塑性变形而形成内筋。尤其是在周向顺向滚珠的 a 点处更有明显充填不满现象，反之，而在迎向滚珠的沟槽处充填效果较好。

因此要消除不均匀成形效果的缺陷，最主要的措施是提高材料的径向流动规律。首先，在工艺上加大旋薄减薄率，减小进给比，在合理的旋压角下选取小直径滚珠都会改善异形管的内壁沟槽充填成形效果。其次，通过多道次的旋压也能改善成形效果，但为了避免材料的加工硬化，避免材料径向流动的困难，应在第一道次选用较大减薄率，或者增加中间退火恢复材料塑性。再次，为了消除旋压过程的顺向沟槽充填不好现象，在工艺中采用第二道次用凹模或芯模反向旋转，以达到改善材质充填效果的目的。

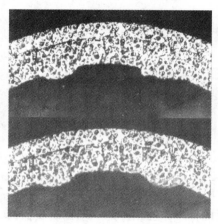 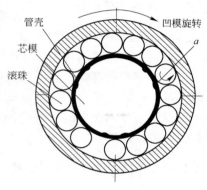

图 9 - 14　内壁凹槽充填成形对比图　　图 9 - 15　凸缘异形管壳成形示意图

9.3　旋压管件的金相组织和力学性能

金属管件在经冷变形后产生了组织结构的改变与显著的加工硬化现象。由此引起金属材料力学性能、物理性质与化学性质发生相应变化。

9.3.1　旋薄后金属组织的变化

金属管件在旋压力的作用下，产生壁厚变薄轴向延伸变形。材料外形的改变是其内部多晶粒形状改变的结果，其变化特点是使晶粒在延伸主变形方向伸长。变形减薄率愈大，晶粒形状改变的程度愈大。

使原来近似于球形的晶粒，随着变形的发展而转变为像纤维一样的形状，一般称为纤维组织。图 9-16 示出了管件壁厚纵断面上变形前后晶粒逐步被压扁成纤维组织的示意图。

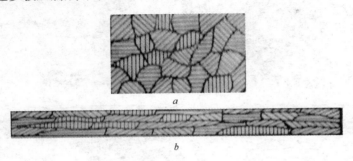

图 9-16　变形织构形成示意图

a—变形前组织；*b*—变形后组织

金属管件的旋压壁厚变薄是不均匀的压缩变形过程，首先，在外表面获得较大的变形量，而后随着减薄率增大，纤维组织逐渐向管件内层发展。其次，随着变形程度增大也将产生晶粒细化及内部和晶界面的破坏，进一步引起金属的各种性能的改变。图 9-17 所示为铜管旋压不同变形程度的金相组织。

随着变形程度的增大，从图中可以看到：开始时晶粒稍变形拉长，其后随着变形程度增大，晶粒拉长畸变更为严重，滑移带密集且方向性也越加明显。最后变为密集的条带状纤维组织。

而对于热旋压，由于在旋薄变形过程中不断发生再结晶，使软化作用与加工硬化相均衡，材料趋向于恢复原组织状态。因而管材在旋薄后的金相组织及性能不会发生显著变化。

9.3.2　旋薄后力学性能的变化

强力旋压变形产生加工硬化现象，使金属的力学性能发生了显著改变。从图 9-18 所示冷变形的力学性能变化图可指出：随着变形程度的增大，金属的变形抗力指数增加，即增加了屈服极限、强度极限与硬度等。冷旋薄时，可能使强度极限增加两三倍，屈服极限增加四五倍。相反，塑性指数则降低。

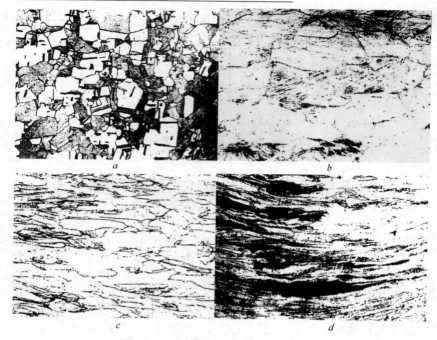

图 9-17 铜管旋压前后金相组织变化

a—铜管在 550℃、30min 再结晶退火后晶粒大小尚属均匀；b，c，d—减薄率
分别为 30%、50%、85% 时的金相组织图谱

图 9-19 所示为 1Cr18Ni9Ti 旋薄，当减薄率 $\psi = 46.7\%$ 时，管件强度从固溶状态 $\sigma_b = 650\mathrm{MPa}$ 提高到 $\sigma_b = 1192\mathrm{MPa}$。管坯硬度从 HB174 提高到 HB365。强度指标随变形程度增大而提高。加工硬化或强化理论认为：这是塑性变形过程中位错增多而使其移动阻力增大所致。

图 9-20 示出 15Cr08 钢滚珠变薄旋压，变薄率 $\psi = 18\%$ 时，管件变形区表层至内层维氏硬度分布状况。从图中可以观察到在变形区内塑性变形

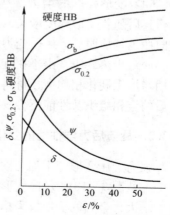

图 9-18 旋压变形时力学
性能变化图

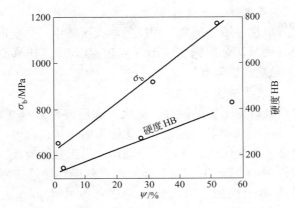

图 9 - 19　不锈钢旋薄变形强度与硬度变化

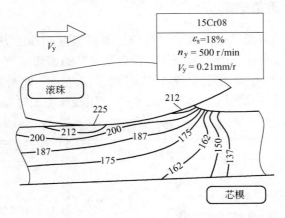

图 9 - 20　滚珠旋压变形区纵向切面维氏硬度分布图

贯穿到整个壁厚，但是，其硬度分布有差异，开始受到旋压的表层接触区有最大硬度值。

9.3.3　物理与化学性质的改变

9.3.3.1　金属的密度降低

冷变形时由于晶粒及晶间物质的破坏，使变形的金属内生成大量的微小空洞，因而使金属的密度降低。

9.3.3.2 导电性、导热性降低

金属的导电性一般是随变形程度的增大而减小。当变形程度不大时，影响更为明显。金属铜在变形程度达 40% 时，其单位电阻增加 3%。同理，导热性也降低。

9.3.3.3 金属磁性的改变

冷变形后会改变金属的磁性，保磁力和磁滞可因冷变形而增大，而最大的磁导率则减小了。而对一些无磁体的金属，如铜、黄铜及无磁蒙耐尔合金，经旋压后磁化的感应增加，由无磁体变成顺磁体。如在电真空器件中的 NCu40 – 2 – 1 合金管旋薄后会使管壳零件产生磁性，影响器件电子性能，因此旋后管壳必须去应力退火，以保证 NCu40 – 2 – 1 合金无磁性能。

9.4 管件质量缺陷分析

滚珠旋薄管形件是高效率、高质量及高精度的加工方法。但是，高质量还需要通过综合工艺条件、设备及工装的密切配合来实现。否则在旋压过程中，难免会出现各种质量缺陷。在此，将旋薄管件常见缺陷的产生原因及消除措施列于表 9 – 1，供旋压加工时参考。

表 9 – 1 管件质量缺陷分析表

缺陷种类	产生原因	防治措施
微裂与断裂	1. 材料金相组织不均、晶粒大，硬度不均，粉末冶金管坯不致密； 2. 管坯有隐性裂纹、夹层和夹杂； 3. 热旋加热温度过高、过低、不均匀； 4. 减薄率过大； 5. 成品壁厚薄而滚珠直径太大； 6. 多道次旋薄材料加工硬化； 7. 旋壁管时管坯内径与芯模间隙大； 8. 旋壁管时芯模与旋转主轴对中不好； 9. 旋薄壁管时，管件与芯模发生周向扭转	1. 检查管坯金相组织及其内部缺陷； 2. 选择适当减薄率和滚珠直径； 3. 保持适宜加热温度； 4. 多道次旋压中间退火； 5. 减小管坯与芯模间隙； 6. 提高设备对中精度； 7. 应用管坯缩紧夹具

缺陷种类	产生原因	防治措施
内外表面起毛刺及鱼鳞状起皮	1. 剥皮屑脱落压入旋后管件表面； 2. 芯模表面粗糙，润滑冷却不充分，引起内壁黏结； 3. 滚珠强度硬度不高，受热后变形磨损黏结影响外表面； 4. 软材质（如铝及合金）易产生毛刺表面； 5. 进给比、减薄率过小	1. 选择合适旋压角，避开临界区范围； 2. 提高模具制造精度，选用高质量滚珠； 3. 加强冷却润滑，易黏结材料预先表面氧化处理； 4. 根据不同材质性能调整不同的工艺参数
内表面粗糙度差	1. 芯模表面粗糙度差； 2. 管坯原始内孔精度及表面粗糙度差； 3. 进给比大	1. 提高芯模制造精度； 2. 改善管坯内孔表面粗糙度； 3. 减小进给比
外表面粗糙度差	1. 进给比大； 2. 滚珠直径公差大，表面粗糙度不好； 3. 滚珠硬度低，磨损变形； 4. 旋薄过程产生黏结； 5. 滚珠直径小	1. 减小进给比； 2. 选用高质量轴承滚珠； 3. 加强冷却润滑，易黏结材料预先表面氧化处理； 4. 旋压角选择在剥皮区，提高光亮度； 5. 适当加大滚珠直径
表面波纹、鼓包及马鞍形	1. 管坯壁厚不均匀，由变形不均引起； 2. 凹模转速太高，进给比大，引起机床振动，使表面产生波纹状； 3. 旋压时成品段流动不畅或芯模有锥度，引起鼓包、波纹； 4. 当芯模送进不旋转时，热旋压加热易产生温度不均匀； 5. 正旋薄壁件时，管坯间隙太小，管坯移动受阻，形成反旋导致马鞍形管件	1. 选用壁厚均匀的管坯； 2. 减小进给比； 3. 改善冷却润滑； 4. 降低凹模转速； 5. 加热均匀，增加加热点； 6. 合理调整管坯与芯模间隙

缺陷种类	产生原因	防治措施
内径尺寸超差 扩径	1. 大直径滚珠比小直径滚珠易扩径； 2. 反旋比正旋易扩径； 3. 进给比小，减薄率小； 4. 多道次旋压及材料硬化	1. 滚珠选小直径； 2. 适当加大变薄率； 3. 增大进给比有利于贴模； 4. 旋薄前或多道次中间退火
外径尺寸超差	1. 管坯与芯模间隙大； 2. 滚珠直径精度和硬度不好； 3. 管坯壁厚偏差大； 4. 旋压机旋转主轴与芯模对中偏差大； 5. 旋压凹模同轴度和粗糙度差	1. 间隙配合控制在精密滑配； 2. 选择高质量轴承滚珠； 3. 管坯壁厚偏差要小于5%； 4. 提高设备与模具制造精度，改善对中效果
管件轴向弯曲	1. 原始壁厚偏大，不均匀变形； 2. 旋压机旋转主轴与芯模对中偏差大； 3. 反旋压工艺使旋后管件位移	1. 改善管坯壁厚偏差； 2. 增加旋压道次； 3. 提高设备与模具制造精度； 4. 旋后管件精整矫直； 5. 尽量采用正旋工艺方法
管件壁厚不均	1. 原始壁厚偏大； 2. 减薄率及进给比大； 3. 旋压机旋转主轴与芯模对中偏差大	1. 管坯壁厚偏差要小于5%； 2. 增加旋压道次； 3. 控制减薄率及进给比； 4. 提高设备与模具制造精度
剥皮损失多	1. 减薄率大，形成整体剥皮； 2. 滚珠直径选小	1. 控制减薄率，增加道次； 2. 旋压角控制在 15° ~ 25°； 3. 尽可能选择大直径滚珠
椭圆度超差	1. 管坯与芯模间隙大； 2. 产生扩径，贴模不好； 3. 管坯壁厚不匀	1. 间隙配合控制在精密滑配； 2. 增大进给比有利于贴模； 3. 控制管坯壁厚偏差； 4. 提高设备对中及旋压模精度

10　滚珠旋薄管形件的残余应力

10.1　残余应力的形成

由前述可知，滚珠旋压加工属于局部加载旋转挤压渐进变形，瞬间的变形区只是很小部分，且位置不断变化，导致变形分布不均匀，金属材质质点流动不均匀。既表现在宏观上，也表现在微观上。滚珠强旋管件过程中，滚珠挤压主要发生在管材的外表层，所以外层金属流动快。内层面受芯模摩擦影响金属流动慢，这是管材内层受力是通过外层金属传递受力变形所致。但是，塑性金属本身具有整体性，它不是四分五裂不相关的一盘散沙。从微观上看每个晶体和原子之间都存在着力学上的联系，即物体的整体性，不允许各部分自由流动。在强旋过程中管材外层金属流动快，一定会受到管材内层金属流动慢的部分阻碍。反之，流速快的金属一定会带动流速慢的部分。这就是要保持塑性变形互相牵连作用。从受力分析上看，流动快的表层对流动慢的内层起拉力作用。反过来，流动快的表层受到来自流动慢的内层给予的压力作用。在强旋过程中应力和应变是同时发生的。所以材料内部除存在由外力引起的基本应力外，还存在上述分析的不均匀流动引起的附加应力和附加变形。在旋压完成后基本应力消失，而由于物体各部分之间不均匀流动所形成的互相作用力——附加应力是仍然存在于金属内部的应力，成为残余应力。所以研究了解残余应力也就是研究附加应力。而附加变形在变形终止时也将保存在变形体内形成残余变形。存在于金属管材中的残余应力都是以内部互相平衡的弹性力形式存在，它与外力无关。在强旋中所消耗能量约有 10% ~ 15% 以弹性变形形式残留在管材材料内部。人们把存在金属材料内部的附加应力分为三类。

第一类附加应力是存在于材料各部分或各层之间互相平衡的弹性力，它是由宏观的不均匀变形引起的，如强旋管坯壁厚不均、旋压机主轴与芯模不对中等因素，由变形不均匀引起的附加应力。第二类附加应力是变形体局部之间，即材料内部各晶粒之间互相平衡的弹性力。变形体晶粒之间会有成分、结构、形状、大小及位向不同。因而内部晶粒变形不可能均匀一致，晶粒间由于变形不同而互相推挤的结果就形成互相平衡的弹性力。因为在多晶体中，两种晶体若有不同的力学性能，特别是当屈服点存在差异时，若受到作用力，屈服点低的晶体将比屈服点高的晶体有更大的尺寸变化。但是，这两种晶系彼此相连作为一个整体，两个晶体只能发生相似的尺寸变化。导致屈服点高的晶系给屈服点低的晶系以压应力，反之后者给前者以拉应力。这就引起材料内部自相平衡的附加应力，变形结束后仍保留在变形体内，造成了第二种残余应力。第三类附加应力是在一个晶粒内部引起的附加应力。众所周知，塑性变形发生的主要原因是晶体本身沿滑动面的剪切变位所致。发生原子晶格畸变的结果是引起互相平衡的附加应力。此外，由于晶体本身结构的不均匀，其应力分布也是不均匀的，因而在晶体各部分之间也引起了互相平衡的附加应力。变形后仍旧残存在晶体内构成了第三类残余应力。

强力旋压变形后，三类附加应力同时存在于被加工的管件中。第一类附加应力可通过改善外部加工条件使变形更趋于均匀，达到减小第一类残余应力的分布。经分析测定，第二、三类附加应力在旋后管件中占比较大的比重。

残余应力在晶体结构中反映为晶面距离的增大或缩小，它可以通过应用 X 射线应力测量仪来测定晶面距离的方法来检测旋压管件残余应力的大小。将测得的应力变量乘以该材料弹性模量常数，即可得到残余应力值。

10.2 残余应力对旋薄管件性能的影响

残余应力存在于金属管件内部，对产品性能有何影响，是人们普遍关注的问题。因为应用滚珠旋薄工艺加工管形件的特点是产品精度高，大多应用于航天、航空、军工、电子及精密仪器等行业，作为重要零件使用。不但要求加工制造要高质量、高精度，还要求保证长期使用的质量稳定性及可靠性。

10.2.1 旋后管材外形变化

从塑性变形理论可知：强力旋压后的管形件在以后长期搁置中会产生自然失效作用。残余应力会逐渐减小乃至消失。这就意味着管件内部又发生了弹性平衡状态向塑性变形的转变。重新达到材料内部稳定状态。这一转变必然导致管件外形的变化。残余应力形成及分布的复杂性，使这种变形的大小和方向是很难预计的。例如对电子器件行波管管壳的旋压加工，其材质为 NCu40 − 2 − 1 蒙耐尔合金，旋压后外形尺寸为 $\phi 20 \,^{-0.01}_{-0.03}\,mm \times 0.9mm \times 300mm$（外径 × 壁厚 × 长度），管壳内壁开槽的异形管壳（其外形见图 1 − 7），直线度全长为 0.03mm。由于管壳断面为异形断面，所以由圆管坯强旋过程不均匀变形突出，旋压后轴线平直度较差，当时靠手工矫直精整。但是，该管壳经机加工进一步切削及与其他零件焊接后贮存数月，管壳的外形圆度尺寸出现正公差，直线度也明显下降。最终导致行波管制管损坏。后来经对旋后管壳在 500℃ 消除应力退火及单辊座辊式矫直机矫直，管壳在以后的制管应用中，保证了长期使用精度稳定性。另据资料报道，对 40Mn2 热轧管坯在滚轮强旋后的燃烧室零件，在 390℃ 去应力退火后消除了约 2/5 的轴向残余应力，应变值也仅为 0.02 ~ 0.03mm。不构成对产品使用性能的影响。

10.2.2 管材产生应力腐蚀

在压力加工过程中，某些金属合金材料在特定的腐蚀介质中和在拉应力作用下，会引起材料破坏。该腐蚀性开裂具有脆性断口形貌，有时也可能发生在韧性高的材料中。这种腐蚀一般穿过晶粒，也称穿晶腐蚀。应力腐蚀的产生必须具备两个基本条件：一是材料内部塑性变形后存在大量足够的残余拉应力，二是材料对外界介质有一定应力腐蚀开裂的敏感性。如旋压后管材在后续使用过程中要经过酸碱液表面处理常常是客观存在的。若管材表面存在过大且集中的残余拉应力，就有可能导致隐藏在某处的缺陷和应力集中点产生应力腐蚀开裂。据统计应力腐蚀开裂 80% 是由残余拉应力引起的，但是管材表面有残余压应力时对管材是有利的，可提高管材疲劳强度。

所以，旋压中改善外界工艺条件，减少不均匀变形，旋压后进一步去应力退火、辊式矫直、表面喷丸处理等措施均能有效消除残余应力对产品性能的不利影响。

10.3 旋薄管件残余应力分布状态

为了保证旋压产品在贮存和使用过程中的安全可靠性，有必要了解产品的残余应力的大小和分布，以便采取适当的措施来控制、减小或消除不利的残余应力。文献［10］的作者应用 X 射线法对材料 14MnNi 旋压薄壁筒，在 2h、320℃去应力退火后，进行了残余应力在壁厚方向的分布测量。其测量曲线如图 10－1 所示。强力旋压管筒件残余应力沿壁厚层深的分布是：切向和轴向残余应力在靠近外表面一侧为压应力。内表面一侧为拉应力。径向残余应力在整个壁厚均呈拉应力状态分布。无论是正旋还是反旋工艺，在三向残余应力中，轴向残余应力值最大，切向残余应力次之，径向残余应力最小。这是因为旋压变形主要发生在工件外表层，内层金属受力是通过外层金属的传递。由于力能在传递过程中的损耗以及管内芯模对工件的摩擦约束，内层金属流动小于外层金属流动。结果在强旋薄壁管件外表层产生轴向和切向的压缩残余应力，而在内表层产生拉伸残余应力。强力

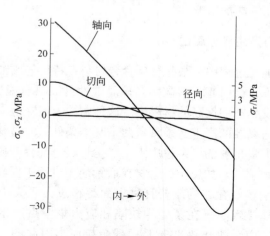

图 10－1 薄壁管残余应力在壁厚层分布

旋薄过程中，虽然金属既有切向流动又有轴向流动。但是，主要变形分布是变薄延伸。所以轴向变形较切向变形大，故轴向残余应力最大。由于芯模与管坯内径间隙很小，径向变形受到约束，变形很小，所以径向残余应力值最小。

10.4 影响残余应力的因素

残余应力的产生是由强旋管材在变形区中金属流动不均匀造成的。所以，影响变形均匀性的所有因素都将影响旋压管件的残余应力的大小及分布。

10.4.1 强力旋压工艺因素的影响

影响管材滚珠强旋残余应力的主要工艺因素有：减薄率ψ及进给比f。图 10 - 2 所示为材料变形程度与残余应力能量关系的曲线。从总的趋势上看，旋压管件的残余应力随着变形率的增大而增大。尤其是第二、三类残余应力在变形率超过 50% 时，呈几何级数增加。其中，减薄率ψ的影响，在文献［50］中的 15Cr08 钢的残余应力测试结果变化曲线如图 10 - 3 所示。结果表明，在减薄率ψ不大于40% 时，三向残余应力与减薄率ψ成正比。其中，管件表面径向残余应力最大，切向残余应力次之。

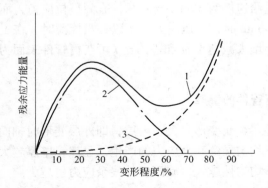

图 10 - 2 变形程度与残余应力能量的关系曲线

1—第一种、第二种、第三种残余应力总能量的变化曲线；2—第一种残余应力能量的变化曲线；3—第二种、第三种残余应力总能量的变化曲线

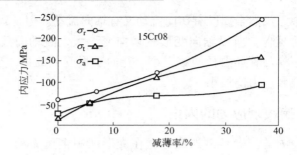

图 10 - 3   减薄率 ψ 与三向残余应力关系图

另外，文献 [2] 提供了对 18% Ni - 350 级马氏体时效钢旋轮强旋不同道次测量表面残余应力值也证明了这一论述。测量结果如表 10 - 1 所示。

表 10 - 1   马氏体钢筒形件在各道次旋压后的表面残余应力值

旋压道次		1	2	3
减薄率/%		23	28	30
表面残余应力/MPa	轴向	-170	-370	-730
	切向	-735	-830	-830

同时，实验还表明，当变形率较小时，旋压件表面的残余应力为拉应力。当进给速度为 30mm/min 时，表面呈拉应力，而当进给速度提高到 60mm/min 时，呈压应力。所以，当旋薄时，在工艺条件允许情况下，选择增大减薄率 ψ 和进给比 f 可获得管件表面为压应力的理想状态。

10.4.2   旋压管件的壁厚

旋薄时外层金属变形量大于内层，即外层变形时轴向伸长量大于内层，变形不均匀导致残余应力的产生。显然，壁厚越大，材料沿壁厚方向变形不均匀性越大，旋压管件残余应力也越大。

10.4.3   金属的组织和性能

金属的组织和性能的不均匀性对旋压管件第二、三类残余应力有很大影响。如果材质有不同力学性能，如屈服极限存在差异，当受到外力变形时两种结晶体性能就存在差异，而又受到晶体间变形相互牵连。另外，单晶体内晶格的畸变也会引起互相平衡的残余应力。因而，旋压时为了减小残余应力应尽可能均化处理管坯，从而消除组织的不均匀性。

10.4.4　旋压工具对材料的摩擦影响

在旋压过程中，管坯内的芯模和管坯外接触的变形工具滚珠对管材内、外表面的摩擦是影响旋压件残余应力的重要因素。摩擦力越大，则残余应力越大。

在旋薄过程中，无论是正旋压还是反旋压，芯模给予管件内表面的摩擦力方向都是与金属材质流动方向相反。因而它迫使旋压件内表面金属流动速度减低。金属流动速度的不均匀造成变形不均匀而产生附加应力，管件内层产生附加拉应力，外层产生附加压应力。

而滚珠给予管件外表面的轴向摩擦力方向与金属流动方向（在正反旋压时）有所不同。反旋时，滚珠的摩擦力方向与金属的流动方向相反，摩擦力使管件外表面的金属流动速度降低。外层金属产生轴向附加拉应力，内层金属产生附加压应力。

10.5　残余应力的消除

强力旋压管件中的残余拉应力是极为有害的，是金属材料产生应力腐蚀和裂纹的根源。同时，带有残余应力的管件在放置和使用过程中会逐渐改变自身形状与尺寸，也可能对力学性能产生影响。因此在生产实践中要设法减少或消除残余应力在制品中的存在。下面介绍目前采用的主要方法。

10.5.1　减少不均匀变形

提高旋压设备和模具制造精度，改善旋压接触表面的摩擦状态。在工艺上选用合理的旋压角、道次减薄率和进给比，增加中间退火等均可改善不均匀变形。

10.5.2   消除应力退火

旋压后的成品管件应进行消除应力退火，即利用低于再结晶温度的低温退火来消除或减少残余应力。

10.5.3   成品表面处理

旋压后管材应用辊式矫直机矫直或喷丸处理，使管材表面层产生不大的塑性变形，从而使表面残余拉应力转变为封闭的压应力层。据文献报道，产生 1% 的塑性变形，可使材料表面层的轴向拉应力减小 60% 。

10.6   残余应力的测量

对残余应力的测定，目前还没有完善、精确的测量方法。现在广泛应用的测量手段是机械方法和物理方法。

10.6.1   机械式圆环切口法

该方法是用电加工线切割取短圆环（如 10mm），再沿轴向切开，检查圆环的变形程度。从试样开裂张口的大小就可直观地了解残余应力大小。或者将环件在酸溶液中腐蚀为不同厚度，切开后分析残余应力在不同壁厚层上的分布规律。

该方法虽然简单，但不能准确反映旋压管件残余应力数值的大小，而只能作定性对比分析。

10.6.2   物理 X 射线分衍射法

该方法是通过测量晶粒内特定的晶面间距的变化，来求得应力的方法。将测得的应变量乘以该材质弹性模量常数即可得到残余应力值。现将测量试件在壁厚层上的残余应力分布测试的试验方法简述如下：

（1）试样的制备，线切割管件取中间部分（长度为 100 ~ 200mm）。

（2）用化学方法腐蚀剥层，20% 硝酸水溶液，温度为 40℃ ，腐蚀速度控制在 0.01mm/min。腐蚀外表面时，内表面涂蜡保护，反之则外表面涂蜡保护。

（3）剩余剥层厚度采用壁厚千分尺测量取平均值。应用 X 射线应力分析仪在设定点测量数值。

（4）测试数据处理与残余应力计算。将每次剥层测得的表面应力值代入应力公式：

$$\sigma = K \frac{\partial(2\theta)}{\partial \sin^2 \psi}$$

式中　2θ——衍射角；

　　　ψ——衍射晶面法线与试件表面法线的夹角。

X 射线法由于不能适应旋压变形所形成的晶体结构的复杂形态，常常出现测定数据的跳动和显得缺乏规律性。这也就使得测定数据的准确性受到怀疑，而仅具有参考意义。近来有文献[54]提出用计算方法来预测旋压管形件的残余应力分布。即通过弹塑性有限元法应用增量加载的方法求得残余应力数值，计算结果与直接测定值近似。

11　滚珠旋压设备

11.1　设备简述

11.1.1　滚珠旋压机的特点

利用滚珠作为变形工具对金属材料进行强旋的旋压机，是旋压设备种类的一个分支。它是专门用于管筒类金属零件的变薄旋压，也可以称为一种管材专用"旋薄机"。在诸多旋压工艺方法中，无论是普通旋压，还是强力旋压，均是利用旋轮作为变形工具。各个旋轮多为独立控制，使设备旋轮架结构和控制系统复杂化。而滚珠旋薄工艺用的滚珠旋压模结构简单，对设备主轴传动无特殊结构要求，旋薄机整体结构简单，设备造价费用低。加之应用滚珠旋压工艺条件简便、经济，又有旋压管件产品精度高、生产效率高、工艺过程操作不需过高技能等独特优点，使得滚珠旋压在军工、电子、航空、航天、化工、精密仪器及民用等领域得到了广泛应用。逐渐成为薄壁管材加工不可替代的方法。

滚珠旋压工艺在 20 世纪中期的初始阶段，旋压机多由车床、钻床、立式液压机等设备改装而成。尤其是前苏联发展滚珠旋压机的途径却有些不同，除特殊的、专用的旋压机外，主要设计各种旋压装置和工艺装备在各类车床上来进行旋压生产。

此外，典型的单头滚珠旋压机由液压系统、驱动系统和冷却润滑系统组成。进给行程较长，进给速度可调整控制。每次只旋压一根管件。进一步发展后又有双头立式旋压机，具有并列两套进给和驱动结构，同时旋压两根管坯。当然，有的特殊产品，如大批量制造波纹管管坯的生产专用旋压机具有四套并列的进给和驱动系统，由计算机控制工作过程，套管坯和下管坯半自动化，能够适应大批量生产。

随着滚珠旋薄工艺的推广应用及先进电子技术的发展，滚珠旋薄数控专用设备的设计制造，在近二十多年来也得了迅速发展。如电子第十二研究所、科学院金属所、长春兵器五十五所等单位，都开发研制了技术先进的立式滚珠旋压机床。

滚珠旋薄管材的旋压机多用于加工高精度薄壁中、小直径管材（直径为 $\phi3 \sim 150\text{mm}$，壁厚小于 $2 \sim 4\text{mm}$）。但据国外文献报道也有用直径 $\phi180\text{mm}$ 滚珠旋压数米直径的管材的旋压机。从经济效益上分析，大直径管材强旋旋轮结构的旋压机更为适用。

滚珠旋压机按设备结构形式可分为立式和卧式滚珠旋压机。

11.1.1.1　滚珠立式旋压机的特点

（1）设备主轴轴线垂直于地面。

（2）设备结构多为三梁四柱（三柱）式，组成稳固结构。工作台中间设有放置旋压模的旋转主轴。上横梁上垂直放置油缸，实现驱动活动横梁送进。中间的活动横梁上夹持有芯模与管坯，油缸送进过程实现管件变薄旋压。

（3）液压系统驱动油缸的活塞杆送进，实现管坯轴向进给是专用立式滚珠旋压机最容易实现的驱动形式，液压系统运行过程平稳，与机械装置相比部件更加简单，易于实现连续无级调速。而且具有安全溢流阀保护，不会导致负荷过载。典型的液压系统原理图如图 11－1 所示。

（4）在旋压同规格大批量管材时，为提高生产效率，立式机床可在同一工作台面上设置 $2 \sim 3$ 个旋压模座，对应不同的芯模同时旋压。

（5）立式机床的压下和旋转主轴、芯模和管件自垂不产生挠度，从而提高了刚度。

（6）立式机床占地面积小。

11.1.1.2　滚珠卧式旋压机的特点

（1）设备主轴轴线平行于地面；

（2）小型滚珠旋薄机，利用卧式车床改造方便，节约投资费用；

（3）机床重心低，床身稳固，刚性好；

（4）卧式旋压机敞开性好，便于模具和管件的装卸操作；

（5）卧式旋压机凹模座放置滚珠不如立式机床方便。

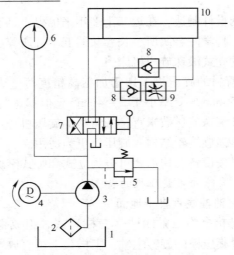

图 11 - 1   液压传动系统简图

1—油箱；2—滤油器；3—叶片泵；4—交流电动机；5—溢流阀；
6—压力表；7—换向阀；8—单向阀；9—调速阀；10—油缸

11.1.2   滚珠旋压机设计制造的基本要求

（1）旋压机应有足够的刚性和稳定性。强力变薄旋压时，会产生远比切削机床切削力大得多的旋压力，因而设计旋压机框架结构或床身及主轴应具有足够的刚性和稳定性。以减小受力变形时的弹性变形和振动，否则会影响管件的尺寸精度和表面粗糙度。

（2）旋压机应有足够的轴向牵引力，放置旋压模的旋转主轴应有足够大的扭矩，且旋转速度可调整。

（3）送进油缸与旋转主轴的轴线应具有良好的同轴度。

（4）滚珠旋压变形是逐点挤压连续变形过程，要求机械传动或液压驱动的进给系统运行平稳可靠，低速无爬行，且速度可连续调整。

（5）具有充足流量的循环冷却系统，因滚珠旋薄的变形热和摩擦热会使管件、芯模、滚珠及旋压模升温，影响产品质量及导致模具寿命受损。

（6）设备应具有必备的附属装置。如为适应旋压工艺要求，像热旋压的加热装置、热旋时主轴冷却及旋后的卸料装置都是必须考虑的。

（7）设备设计制造应尽量用计算机数控技术，实现旋薄半自动和全自动工艺过程，以提高生产效率，减轻操作人员劳动强度。

11.2　立式旋压机对中机构[13]

由于立式机床具有占地面积小、操作方便等特点，它已成为中、小管材薄壁管件旋压成形的主要应用设备。然而在滚珠旋薄过程中，旋压管件常常出现圆度、壁厚及直线度缺陷误差。这可能与原材料及工艺参数选择不当有关，但主要是由立式旋压机油缸活塞杆与放置旋压凹模的旋转主轴的同轴度存在偏差引起的。设备制造误差是客观存在的，即便是制造精度尚可，但是长时间运行，设备精度也会发生变化。另外，与活塞杆连接的卡盘随意夹持的细长芯模也很难保证与旋压模中心线始终对中。

因而为了确保旋压管件的尺寸精度和形位精度的可靠性，设计合理适用的芯模（杆）与旋压凹模的对中机构是旋压机设计的重要组成部分。文献［13］中几种芯模夹持结构形式示于图 11 - 2 中。

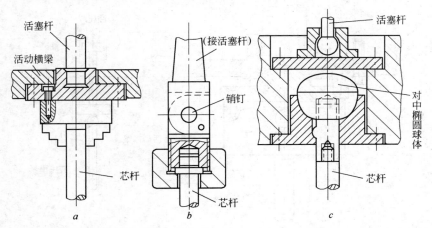

图 11 - 2　立式机对中结构形式

a—刚性对中；b—半刚性对中；c—自动对中

其中图 11-2a 所示是刚性对中。芯模与活塞杆之间用法兰盘过渡连接卡盘刚性夹持。开始旋压时较长芯模的端部或前中部尚可连带管坯强迫弹性变形挤压旋转凹模自动调心找正。而当旋压长的管坯，到接近管坯尾部时，芯模的继续弹变找正十分困难。只能导致旋压壁厚偏差和不均匀变形。图 11-2b 所示是半刚性对中结构。芯模与活塞杆之间借助于一个销钉连接，它可使芯模在一直线方向的调节对中。此种结构比刚性连接要好，多用于旋薄较短的筒形件，便于工件装载和脱管操作。图 11-2c 所示是靠重力自然下垂的自动对中。在芯模与活塞杆之间装置一个万向活节，芯模（与连接件）靠本身自重而自然下垂。该形式虽然可万向对中，但芯模是处于悬摆浮动位置，当正旋压时初始咬入有时并不能顺利找正。而在反旋压时芯模则可先入旋压凹模引导管坯正确咬入。针对上述对中机构的缺陷，提出了一种弹性万向对中结构，其形式见图 11-3。图 11-3 中法兰盘下底面加工有凹形球面，卡盘连接件，上表面加工有一凸形的球面。这样法兰盘和卡盘连接件正好组成一个凹、凸连接万向活节。弹性元件 3（弹性耐油橡皮圈）分布在互呈 120°的方向上。法兰盘、卡盘连接

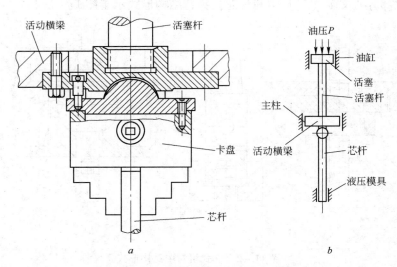

图 11-3 立式旋压机万向弹性对中机构

a—结构图；b—基本原理简图

件和弹性元件用螺钉连接在一起。在零件装配时应将弹性元件适当压缩，以便再自由调节弹性力，调整芯模的方位。此外要保证万向活节的凹凸球面两部分之间有一个很小间隙便于调节。该结构的优点是：由于万向活节和弹性元件作用，可保证在旋薄过程中，出现偏心能自由调节对中，始终保持芯模对准旋压模中心线上。

下面将对有关文献介绍的典型滚珠旋压机的结构和工艺特点作简明阐述。

11.3 立式滚珠旋压机

11.3.1 GX-80型立式管材旋压机

为配合电真空器件所需高精度薄壁管加工，电子第十二研究所在20世纪90年代研制了GX-80型立式管材旋压机，旋压机实体照片如图11-4所示。

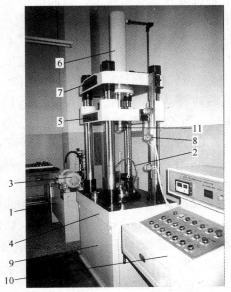

图 11-4 GX-80立式管材旋压机实体照片

1—油箱；2—冷却油管；3—液压控制阀组；4—机座；5—活动横梁；6—油缸；
7—上盖板；8—标尺架；9—旋转主轴；10—电气控制柜；11—卡盘

11.3.1.1 旋压机主要技术指标

公称压力/kN   80
油缸内径/mm $\phi125$
活塞最大行程/mm   550
旋压主轴转速/r·min^{-1} 0~1000 变频调速
旋压工件直径/mm $\phi4~40$
旋压工件壁厚/mm   <3
电源总功率/kW   10
主机质量/t   1.2

11.3.1.2 旋压机结构及运行特点

（1）三梁四柱式框架结构，油缸装置在上盖板上，油缸活塞杆通过球形万向联轴节与活动横梁连接，活动横梁下面装有夹持芯模的卡盘，活塞杆的运动带动活动横梁上下运动。

（2）旋转主轴机构装置在机座下，台面的中央顶部置有旋转模座，可放置滚珠旋压模。为配合不同直径、不同材质管件的旋压，主轴旋转采用了交流变频无级调速。

（3）旋压时由冷却油箱连续供油对工件和旋压头进行冷却和润滑，并经回油过滤器流回冷却油箱。

（4）为保证活动横梁在立柱上高精度平稳运行，在导套内放置了直线轴承。同时，为了精确控制活塞杆的运行位置和运行速度的改变，在标尺架上装有行程开关和可调距离位置的传感器。

（5）旋压机的所有电气控制都集中在控制台上。控制面板上不同作用的按钮和开关分别控制和操纵液压站及主机的工作状态。面板上还装有测量液压工作进给线速度的数字线速仪和主轴转速的计数显示仪表。

（6）液压泵站是主机工作的动力源，液压泵站底部是油箱，油箱上安置叠加阀组的液压系统，通过限压式变量油泵系统和各种阀的不同作用对主机油缸供油。

液压系统传动原理图如图 11-5 所示。

11.3.2 GX-80Ⅱ型立式管材旋压机

该机为 GX-80 型立式管材旋压机的改进型。主机结构无太大变

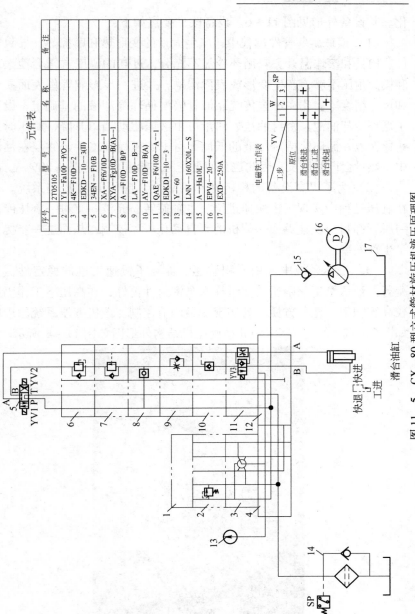

元件表

序号	型号	名称	备注
1	2T05105		
2	Y1—Fa100—P/O—1		
3	4K—F10D—2		
4	EDKD—10—3(II)		
5	34EN—F10B		
6	XA—Ff6/10D—B—1		
7	XYA—Fg10D—B(A)—1		
8	A—F10D—B/P		
9	LA—F10D—B—1		
10	AY—F10D—B(A)		
11	QAE—F6/10D—A—1		
12	EDKD1—10—3		
13	Y—60		
14	LNN—160X20L—S		
15	A—Ha10L		
16	EPV4—20—4		
17	EXD—250A		

电磁铁工作表

工步＼YV	W			SP
	1	2	3	
原位				+
滑台快进	+	+		
滑台工进		+		
滑台快退			+	

滑台油缸
快退 快进
工进

图 11-5 GX-80 型立式管材旋压机液压原理图

化。其设备外形见图 11-6。设备改进要点如下：

（1）滚珠旋薄管件过程中，产生大量的变形热和摩擦热，导致管件、模具和滚珠温升。若循环冷却不充分，过高的温度常常会使滚珠和模具耐压不够，产生变形或表面沟槽，并进一步影响管件表面质量和尺寸精度。为此在过去传统靠油管喷淋循环冷却液的基础上，设置了循环冷却油池。密封油池贮油量可由液压驱动挡罩升降，旋压时可快速充液并循环保持冷却液的低温。由于旋压模具工件始终浸在油池中，热量会即时散发，因此也会使得变薄进给率可相应提高 20% 左右。

（2）为了提高设备的稳定性和可靠性，应用 PLC 数控系统。并在旋压过程中实现了由快速进给→主轴旋转→充液→工进→旋压停止→脱管卸料→快速返回→待机的半自动化程序控制，从而进一步提高了生产效率。

（3）液压系统中采用容积调速，提高了慢速工进的稳定性，无爬行。液压泵选用限压式变量柱塞泵密封性更好，在高压下工作仍有较高容积率，调节方便，易实现变量调节控制。该机液压系统原理图如图 11-7 所示。GX-80Ⅱ型旋压机结构外形图如图 11-8 所示。

图 11-6　GX-80Ⅱ型立式管材旋压机

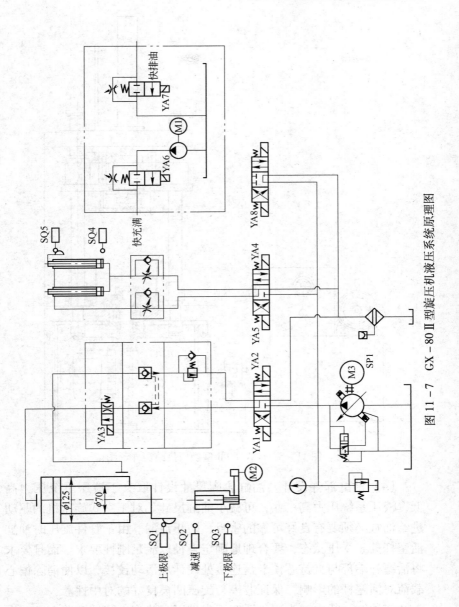

图 11 – 7　GX – 80 II 型旋压机液压系统原理图

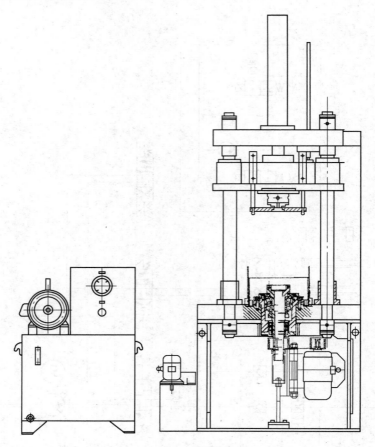

图 11 - 8　GX - 80 Ⅱ型旋压机结构外形图

（4）油缸部件设计。油缸轮廓尺寸设计取决于液压系统压力高低，液压系统压力高一些，可减小油缸尺寸。对于立式旋压机的驱动进给油缸必须要有良好可靠的密封，防止泄漏。由于管件旋压时油缸活塞杆处于受压状态，要合理地确定直径以满足刚性要求。而且要求将活塞杆端部与夹持芯模卡盘连接处设计成活动铰接，以便消除偏心载荷对活塞杆的影响，保证芯模与旋压凹模良好的对中性。

在油缸运行中，为避免活塞不直接以高速撞击到油缸盖上，应设置回程缓冲装置。另外，液压缸中如有空气混在油液中，工作时会引起活塞杆移动进给产生爬行，而且油缸中空气还会使油液氧化生成氧化物腐蚀液压装置的零部件。因此，在设计油缸时要在油缸最高处接入进油管，并同时在此处另安装排气装置。GX - 80Ⅱ型旋压机油缸结构图如图 11 - 9 所示。

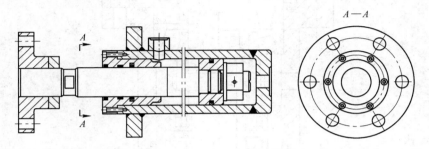

图 11 - 9 GX - 80Ⅱ型旋压机油缸结构图

（5）主轴部件设计。滚珠立式旋压机的旋转主轴是旋压机的关键部件。工作时支持旋压凹模，它传递所需变形功率和扭矩，还承受相当大的径向力和轴向力。

设计主轴时，要求具有足够的强度和刚度，且与传动马达有可靠连接，并用变频电机无级调度调整旋压凹模转速。GX - 80Ⅱ型旋压机主轴根据工艺要求设计成中空结构，为保证主轴运转平稳及承受旋压时由立式油缸通过旋压模所传递较大的旋压力，采用双列圆锥滚子轴承和双列向心滚子轴承支承结构。同时，保证旋转精度控制在0.01 ~ 0.015mm。主轴材料为40Cr。GX - 80Ⅱ型旋压机主轴结构图如图 11 - 10 所示。

11.3.3 XYG15 - 110 立式滚珠旋压机[43]

中国兵器工业第五研究所为配合航天高温合金薄壁管的需求，为用户研制了 XYG15 - 110 立式滚珠旋压机。图 11 - 11 为主机结构示意图。

11.3.3.1 机械系统

该机为一台三梁四柱式滚珠旋压设备，由机械、电气和液压三大系统组成。机械系统为立式结构，可分为顶部油缸、框架及滑体、主

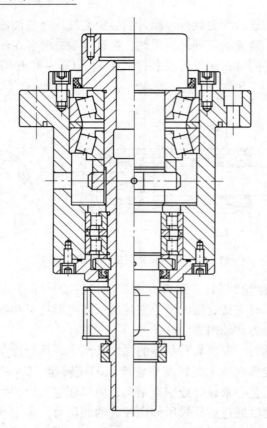

图 11 - 10   GX - 80 Ⅱ型旋压机主轴结构图

轴箱和润滑冷却站四大部件。主机结构见图 11 - 11。顶部油缸部件
位于主机的顶部，固定在顶座上，作用是通过活塞杆把液动力传递给
滑体进行工作。框架及滑体位于主机中部，由四根立柱上联顶座、下
联主轴箱而构成四柱空间框架。滑体以四柱为导轨，通过滑动轴承在
顶部油缸的带动下实现上下运动。滑体下端面中心设有十字轴式万向
联轴器，以确保万向动态同轴高精度。芯模通过连接板或三爪卡盘与
联轴器相连，在空间后左方设置有光栅尺，以实现轴向运动速度的检
测。在空间右后方设置有标尺和位置及速度转换开关装置，以便于操
作及运行的自动化。在下部的主轴箱端面中间设置有防护罩和一对卸

料装置。主轴箱部件是主机的基
础，主轴为空心结构，安置在箱
体的中心，以便于芯模及工件的
通过。主轴的两端设有三套滚动
轴承，中上部设置有一六槽大带
轮，下端部设有光电编码器，进
行主轴实际转速的测量。主电机
为变频调速异步电动机，通过电
机座架设置在主轴箱后方；主电
机上设置一小带轮，通过三角带
直接把动力传递给主轴。润滑冷
却站部件主体位于主轴箱下部的
地坑内。油箱上设有油泵和漏斗
筛网装置，作用是保证旋压过程

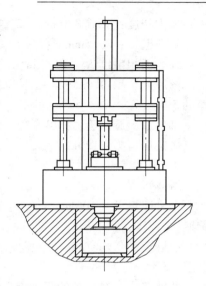

图 11 - 11　主机结构示意图

中对滚珠及滚珠盘和工件正加工
表面进行自动循环润滑冷却，并对油液和滚珠进行回收。

11.3.3.2　电气系统

该控制系统采用高可靠性的 PLC 控制。主轴由变频器控制无级
调速，其转速经光电编码器、数显表同步指示；滑体运动速度由光栅
尺反馈，数显表指示；位置和速度转换由非接触行程开关控制。工作
方式具有手动/自动两种，自动方式可以根据工件特点进行编程控制。

11.3.3.3　液压系统

该控制系统由电动机带动变量叶片泵提供油液，由溢流阀对系统
起安全保护作用，由压力表显示系统工作压力值。为防止油缸负载因
自重而下落，在系统中设置了单向顺序阀，其调整压力应超过油缸负
载自重所产生压力的 10%。为保证工进速度和实现慢退卸件的要求，
在系统中分别设置了电控单向调速阀。因此，该系统可以实现油缸快
进、工进、慢退和快退工况。

11.3.3.4　使用范围及技术参数

A　使用范围

工件直径：**15 ~ 110mm**

最大长度：正旋 850mm，反旋 1000mm

最薄壁厚：0.15mm 左右

外表面粗糙度 R_a：0.8μm

壁厚差：壁厚 0.5mm 以下为 ±0.01mm，壁厚 0.5mm 以上为壁厚的 5%

轴向最大旋压力：150kN

额定旋压力：120kN

B　技术参数

滑体行程：1800mm

工进速度 3～100mm/min；工退速度 ≤500mm/min，均可无级调速

快进速度 0.8m/min，快退速度 1.6m/min，具有速度显示，数显误差 <3%

芯模定位孔对主轴的同轴度 ≤0.03mm

主轴转速 13～612r/min，工作转速 50～600r/min，可无级调速，具有速度显示，数显误差 <3%

主电机功率 18.5kW，转矩 120.3N·m

液压站电机功率 7.5kW，液压泵排量 20mL/r

润滑冷却站油泵功率 120W，流量 50L/min

11.3.4　其他形式立式旋压机

图 11-12 和图 11-13 所示分别为科学院金属所和广州有色金属研究院研制的立式旋压机。

图 11-12 所示的立式滚珠旋压机的传动系统图如图 11-14 所示。液压油泵输出压力液压油通过输入孔进入液压缸，推动活塞连同活塞杆夹持的芯模管件以可控的垂直速度向下位移。此时活塞下腔的液压油从油缸输出孔返回油箱。

位于设备基座中心的旋转主轴通过电机及皮带轮传动调速，主轴顶部模座放置可调尺寸的旋压模具。

该设备的加工运行通过 CNC 程序控制。

图 11-12 科学院金属所研制
的立式旋压机

图 11-13 广州有色金属研究院
研制的立式旋压机

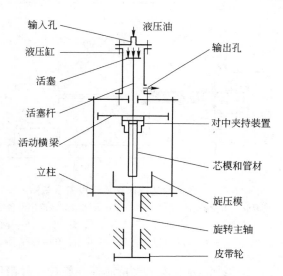

图 11-14 设备主机传动示意图

11.4 卧式滚珠旋压机

11.4.1 车床改造成卧式滚珠旋压机

由于滚珠旋薄多用于中、小直径薄壁管加工，而加工工艺具有变形工艺方法简便，逐点变形所需变形力小等特点。对于一些产品单一、批量不大的生产用户，为了节省设备资金投入，首先考虑机加工厂常用和旋压机相似传动形式的卧式车床进行必要的结构改造，以达到节约资金、见效快的目的。常用反旋形式，其改造结构示意图如图11－15所示。

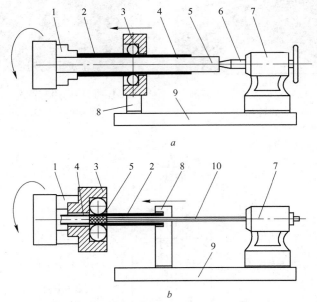

图 11－15 车床改造成滚珠旋压设备示意图

a—车床改造成滚珠旋压设备结构（一）；b—车床改造成滚珠旋压设备结构（二）

1—卡盘；2—管坯；3—旋压模具；4—旋后管件；5—芯模；6—尾顶尖；

7—尾顶座；8—刀架上连接装置；9—床身；10—连杆

图 11－15a 传动结构为卡盘 1 夹持芯模 5 旋转，并由尾顶尖 6 支撑。滚珠旋压模具 3 通过连接装置 8 固定在车床溜板厢刀架上，连接

装置 8 有调整功能使旋压模中心与车床主轴中心同轴。通过车床溜板纵向自动走刀完成旋压变薄过程。

另外，图 11 - 15b 的旋压形式为旋压模具 3 由卡盘 1 夹持主动旋转。短芯模 5 通过连杆 10 连接浮动于旋压凹模中心，连杆 10 尾端通过螺纹连接由尾顶座 7 支撑。并由固定于刀架上连接装置 8 的推料板借助于溜板厢轴向进给推动管坯 2 送进完成变薄旋压过程。图 11 - 16 是该种应用形式的车床改造进行旋压的实体照片。

图 11 - 16 应用车床滚珠旋压薄壁管

11.4.2 RF - 20 拉拔旋压卧式机

由北京电子第十二研究所与天津锻压机床厂共同研制的 RF - 20 拉旋卧式机床外形照片如图 11 - 17 和图 11 - 18 所示。整机结构图见图 11 - 19。

11.4.2.1 功能特点简述

（1）该设备可以完成管材强力旋薄和液压拉拔两种功能。旋压具有旋轮旋压和滚珠旋压两种形式。

（2）旋压尺寸范围：直径为旋轮旋压 $\phi 40 \sim 120mm$，滚珠旋压 $\phi 30 \sim 80mm$；壁厚为 $4 \sim 0.15mm$；长度为正旋 800mm，反旋 1500mm。

图 11 – 17 RF – 20 拉拔旋压卧式机外形

（3）旋压轴向工进速度：10 ~ 400mm/min，连续可调。

（4）旋压芯模转速：无级调速 0 ~ 600r/min。

（5）额定轴向推力：200kN。

（6）电气系统采用 PLC 控制。

（7）液压系统特点：

1）液压系统驱动采用大小两台 SCY 型手动变量柱塞泵。该泵依靠柱塞在缸体中往复运动，使密封工作腔的容积发生变化，吸油、压油具有容积效率高、运行平稳、流量均匀性好及工作压力高的特点。

图 11 – 18 滚珠旋压局部照片

2）液压系统旋压工进时，只由小泵供油驱动，大泵空循环，节省能源。

3）旋轮架上三个旋轮应用三缸同步调整进退，同时也可以单独手动调整。

4）拉拔液压夹钳和旋压芯模支承尾顶两功能，由同一液压驱动

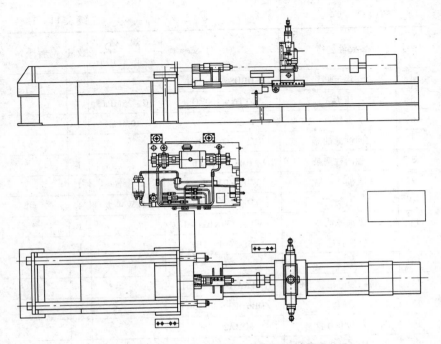

图 11-19　RF-20 拉拔旋压卧式机整体结构图

完成。

（8）旋轮架上三旋轮后退到极限位置，可放置滚珠旋压模座进行滚珠旋压。

11.4.2.2　RF-20 拉旋卧式机液压系统原理

RF-20 拉旋卧式机液压系统液压元件明细表和原理图分别见表 11-1 和图 11-20 所示。

表 11-1　液压元件明细表

序号	元件名称	型　号	规　格		数量	备注
			流量	压力		
1	高压滤油器	ZU-E63DL-S			1	
2	节流阀	Z2FS6-40			4	
3	液控单向阀	Z2S6-40			3	

序号	元件名称	型 号	规 格		数量	备注
			流量	压力		
4	溢流阀	DBDS6P10/100			2	
5	压力表	YTN - 100ZQ	0 ~ 25MPa		3	
6	蓄能器	NXQ - 4	10MPa		1	
7	回油滤油器	RFA - 160X20L - S			1	
8	轴向柱塞泵	10SCY14 - 1B			1	
9	吸油滤油器	WU - 40X100 - J			1	
10	电动机	Y160M - 4 （B3）	11kW 4 级		1	
11	吸油滤油器	WU - 100X100 - J			1	
12	轴向柱塞泵	25SCY14 - 1BF			1	
13	单向阀	2D1			2	
14	二位四通电磁换向阀	3WE6A/61AG24Z5L			1	
15	液压阀	ZDR6DP3 - 30/150Y			4	
16	多点压力表	MS2A20/250			1	
17	三位四通电磁换向阀	4WE6J61/AG24Z5L			4	
18	调速阀	2FRM6A36 - 2X/160R	16L/min			
19	顺序阀	MQP - 02 - B			1	
20	冷却器	GLC1 - 1. 2A			1	
21	单向阀	Z1S6C - 30/			1	
22	调速阀	2FRM5 - 31/6Q	6L/min		4	
23	单向节流阀	DRV6G - 1 - 10	6L/min		3	
24	三位四通电磁换向阀	4WE6E61/AG24Z5L			2	
25	三位四通电磁换向阀	4WE6GA61/AG24Z5L			2	
26	顺序阀	DZ6DP1/210			1	

11.4.2.3　尾座结构设计

尾座要求能产生足够的顶紧力，因为在旋压过程中，尾座液压缸驱动，用来将管坯顶紧在芯模端面上，以使管坯、芯模随同主轴一起旋转，防止管坯转动、偏移。管材反旋压时仅用于顶紧芯模。管坯与芯模之间

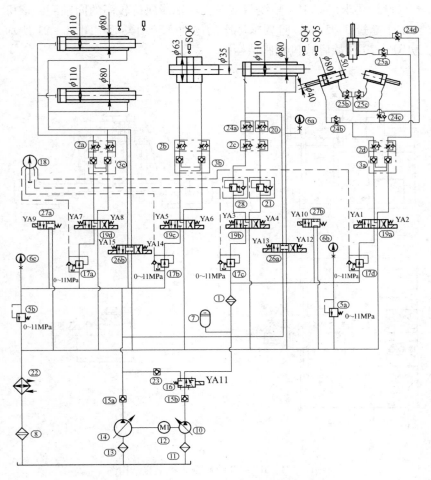

图 11 - 20　RF - 20 拉旋卧式机液压系统原理图

相对转动不利于变形的均匀性和管件表面质量。此外，良好的尾座顶紧力对提高旋转部分系统刚度也有好处。旋压过程是一种逐点变形过程，通常要求每道次旋压要连续进行到底，中间不能停顿，尾顶也必须使动作油缸不能产生轴向退让，要求系统稳压并且有锁紧功能。

　　RF - 20 拉旋卧式机的尾顶座设计为两种功能，当应用拉拔功能时，尾座液压缸反向驱动拉拔夹钳的夹紧功能。

设计要求尾座中心轴线与旋转主轴轴线保持较高的同轴度，该机要求不超过 0.05mm，且要求尾座的尾顶套转动灵活。图 11 – 21 所示为 RF – 20 拉旋卧式机尾座结构图。

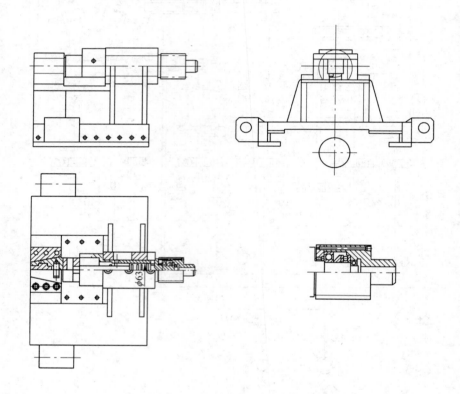

图 11 – 21　RF – 20 拉旋卧式机尾座结构图

11. 4. 2. 4　旋轮架设计

RF – 20 拉旋卧式机旋轮架设计成具有三旋轮封闭框架结构，三旋轮互呈 120°配置。旋轮架中心孔设计有安装滚珠旋压模定位装置。旋轮架由一位于床身中心的液压缸做纵向主传动进给，可按管坯长度沿床身快速移动和定位。

三个旋轮分别由三个油缸控制其径向运动。工作时每个旋轮对管材径向进给在液压系统中需要平衡阀做同步控制及限位。为了保证旋压管件直径的高尺寸精度，每个旋轮进给机构可应用手轮、螺纹和螺母机构单独做手动细微调节。

　　在旋压时，主动旋转的管坯与旋轮接触时，产生的摩擦力和扭转力矩就会使旋轮旋转。旋压结束后，三旋轮张开，主轴停止旋转，润滑冷却停止，进入卸料程序。

　　图 11 – 22 为 RF – 20 拉旋卧式机旋轮架结构图。

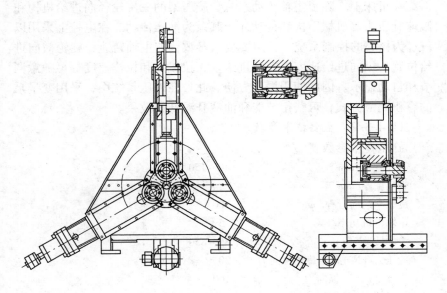

图 11 – 22　RF – 20 拉旋卧式机旋轮架结构图

11.4.3　LXC40 – 150 旋拉两用机[42]

　　LXC40 – 150 旋拉两用机是由福建机械科学研究院和电子第十二研究所共同研制开发的旋压 – 拉拔两用新型设备。拉拔部分用于金属管材旋压前管坯拉拔制取，旋压时应用旋轮完成初始道次旋压，高精度成品道次应用滚珠旋薄成形。

　　11.4.3.1　旋压机的特点

　　（1）它由传统的三台专用设备组合起来，因此结构新颖、紧凑、质量轻，占地面积少；

（2）在设备上有几个共用零部件，如主轴传动箱、床身装置、尾座、液压动力站和电控系统等，与上述三台专用设备相比可大大节省设备投资；

（3）设备使用灵活性和利用率高，适用于多品种产品生产和科研；

（4）设备精度高，控制系统较先进，节能效果好等。

在机床上，除了主轴传动系统、旋压架的三旋轮径向进给机构和滚珠旋压头等机械结构和传动外，其余为液压传动。在电控上采用以PLC为核心的控制系统，且主要技术参数，如主轴转速、旋轮横向进给位置、纵向进给速度、每转进给量、拉拔力和拉拔速度等可随意调节和自动显示。因此使用操作方便。此外在液压系统中，采用变量泵的容积调节方式，可获得节能和油液升温低的效果。

11.4.3.2　主要技术参数

旋压技术参数：

管坯直径/mm	40～150
管坯壁厚/mm	≤4
旋轮架纵向行程/mm	900
主轴电机功率/kW	15
主轴转速/r·min^{-1}	85～850
旋压力/kN　每个旋轮径向力	30
纵向力	100

拉拔技术参数：

管坯最大直径/mm	45
成品管最大长度/mm	2000
额定拉拔力/kN	200
拉拔速度/m·min^{-1}	1～5

旋压机外形图如图 11-23 所示。

11.4.3.3　LXC40-150 机床旋轮架

如图 11-24 所示，旋压架设计成三角闭式、刚性框架结构。在框架上三条相对主轴轴线互呈 120°分布的滑槽上，分别安装着一个旋轮滑座。每个旋轮通过轴、轴承和轴承盖等零件安装在滑座（旋轮头）中。旋轮滑座可在各自滑槽中做径向调节径向进给。这个调

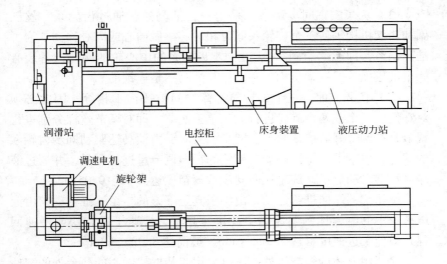

图 11-23　两用机床外形示意图

润滑站　　电控柜　　床身装置　　液压动力站

调速电机　　旋轮架

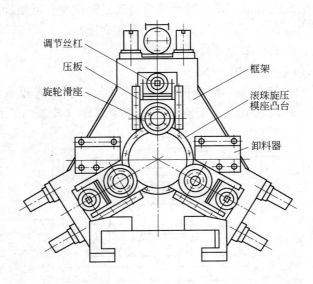

调节丝杠
压板
旋轮滑座
框架
滚珠旋压
模座凸台
卸料器

图 11-24　两用机床旋轮架结构图

节有集体同步调节和每个旋轮的单独调节两种方式：

（1）为了实现同步调节，采用一台油马达，通过齿轮系、丝杠副和斜楔机构等使三个旋轮头同时相对芯棒做向心或离心移动。为了准确调节，即能"急刹车"，在同步齿轮系的中心轮的两侧边各装有一个液压抓爪式制动机构。它动作与油马达是连锁的。

（2）在调节前，三个旋轮与芯棒的间隙往往不相等，因此必须对它们中一个或两个旋轮进行人工单独调节，即对调节丝杠分别进行调节，在调节好后应锁紧。在同步调节时，由油马达驱动同步齿轮系的同时，也带动一个译码器对旋轮的径向调节量进行测量，并通过液晶显示器自动显示，旋轮径向同步重复精度达 0.02 ~ 0.05mm。

旋轮架的纵向进给运动，由位于其正下方的一个油缸驱动，由液压系统中的电液比例调速阀实现快速趋进，慢速工进和快或慢速回程，最低工进速度可达 5.0mm/min，最高达 8.0mm/min。

除了用上述旋轮旋压外，还可采用安装框架中心的凸台处的滚珠旋压头进行滚珠旋压。该旋压头的特点是可调整滚珠旋压模具，进行成品管件的最终成形。旋压时旋轮后退到极限位置，可调旋压模外径与旋压架中心孔相配合并紧固，进行滚珠旋压。

此外，在旋压架上还设有机械卸料装置。

11.4.3.4 LXC40 – 150 机床尾座

由图 11 – 25 可见，尾座的结构与众不同，它具有双重作用，既有作为旋压时顶紧工件（正旋时）和顶紧芯棒（反旋时）的尾顶作

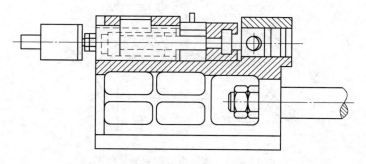

图 11 – 25 LXC40 – 150 机床尾座结构示意图

用，又有拉拔时夹紧管坯端头的夹钳作用。为此，在尾座体上设有一个双作用油缸。活塞杆固定时，油缸缸体推动尾顶套进行旋压顶紧工作；相反，缸体固定时，在活塞杆推动下，使夹钳夹紧管坯端部进行拉拔或松开卸料。

尾座体在其轴线下方两侧的每一个油缸驱动下，可沿着床身导轨做纵向运动，即进行拉拔工作。

LXC40 – 150 旋拉两用机的外形如图 11 – 26 所示。

图 11 – 26　LXC40 – 150 旋拉两用机实体照片

11.4.4　大直径高精度薄壁圆筒体的旋压机[18]

为了旋压较大尺寸的薄壁管筒件，前苏联曾设计了一种具有旋轮和滚珠两种功能的张力旋压机。张力旋压原理图如图 11 – 27 所示。即在正旋压时在管坯前端头用卡具拉紧形成被加工材料 $(0.5 \sim 0.6)\sigma_s$ 的应力，旋压薄壁筒形件时，可达到改善变形条件的目的。

基于该原理设计的专用旋压机示意图如图 11 – 28 所示。

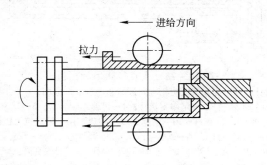

图 11 – 27　张力滚珠旋压

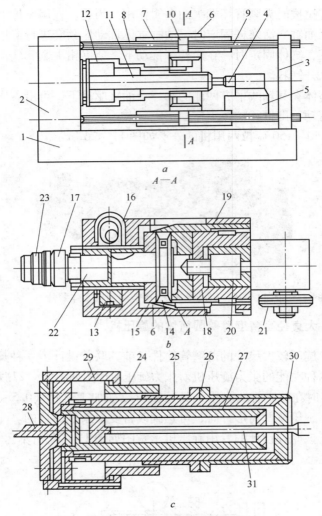

图 11-28 大直径张力旋压机

a—旋压机总图；b—旋轮架及旋轮轴向进给驱动油缸剖面图；c—轴向拉力机构
1—床身；2—旋转主轴箱；3—尾座支承柱；4—可伸缩顶尖套；5—尾座；6—旋轮座；
7—框架工作缸；8，9—活塞杆；10—活塞；11—芯棒；12—轴向拉力机构；13—桁梁；
14—导向套；15—液压缸缸体；16—蜗轮组；17，23—调整螺母；18—螺栓；19—可动套筒；
20—轴承部件；21—旋轮组件；22—双向活塞杆；24，25—伸缩套筒；26—卡具装置；
27—卸料液压缸；28—液压供给装置；29—伸缩液压缸外套；
30—退料支撑圆盘；31—卸料缸活塞杆

11.4.4.1 旋压机的主要技术性能

可加工产品外径/mm	最大 450
	最小 100
加工产品长度/mm	小于 2500
加工产品壁厚/mm	小于 25
芯棒转速/r·min⁻¹	5~500 （24 级）
旋轮座最大行程/mm	3200
旋轮座工作进给率/mm·min⁻¹	20~500
旋轮座最大轴向作用力/kN	500
拉力机构产生的拉力/kN	20~300
尾座行程/mm	纵向 1200
尾座套筒行程/mm	600
主传动电机功率/kW	28
电机总功率/kW	75

11.4.4.2 旋压机结构特点

（1）为了缩短机床外形尺寸，将该机轴向移动旋轮座 6 的液压传动制成四个双作用同步液压缸 7，其空心活塞杆 8、9 及活塞 10 起框架拉紧柱的作用。并将主轴箱 2 和尾部支承柱 3 连接在一起。使刚性框架放在床身 1 上。使变形力封闭在框架内部，增加了机床稳定性。见图 11-28a。

（2）旋轮座 6 装在液压缸体 7 上，它由三根桁梁焊接成封闭结构，沿周向呈 120°分布的三根桁梁中，每一个均有镗孔装有液压缸，并同旋轮装置 21 相连接。每个缸体 15 均装有双向活塞杆 22 带动旋轮组件 21 进给。而装在旋轮座架体上有蜗轮 16 传动啮合，端头有刻度盘和手轮做径向调节壁厚间隙，间隙精度可控制在 0.005mm。若在由三根桁梁构成封闭旋轮架中心固装有滚珠分离圈的滚珠旋压模具，也可进行滚珠旋薄加工。

（3）为了支撑芯棒 11 悬臂端，在拉紧柱中间设置尾座 5 （见图 11-28a），它由液压传动控制，并在装有可伸缩的顶尖套 4 中有可旋转的顶尖。为方便装卸料，尾座 5 可沿纵横方向移动。

（4）轴向拉力机构（见图 11-28c）是一种环状伸缩式双作用油缸，它带有油液供给装置 28。油液供给装置 28 需保证在一定压力下向与芯棒一起旋转的液压缸供油。液压缸外套和两个起活塞作用的伸缩套筒 24 和 25。在套筒 25 上有装卡具 26 用的台肩，而卡具 26 由两个半圆卡紧环把管坯连接。

（5）在旋压过程中，随着管件的伸长，起活塞作用的套筒 25 及 24 先后被拉入液压缸套 29 内。而此时拉力的大小可按所需进行调整，以保证拉力机构的稳定。

（6）旋压后退料是靠支撑圆盘 30 作用在管件底部实现的。装在芯棒 11 内部的液压缸 27 可使支承盘 30 平移移动，并与尾顶 4 配合顶紧管坯底部。旋压完成后，旋轮座与芯棒停止运动，旋轮座返回，尾顶横移。拉紧油缸 7 卸压，管件脱离卡具 26，油液进入卸料缸 27 工作腔，活塞杆 31 与退料圆盘 30 相连推动管件向右移动卸下。

11.4.5 车床改制的两功能数控旋压机[57]

XK20－1 型数控旋压机由 C620 车床改制，是一种具有单旋轮普旋和小直径薄壁管滚珠旋压两种功能的旋压机床。旋压机结构框架图如图 11－29 所示。旋压机外形如图 11－30 所示。

11.4.5.1 设备主体结构组成

A 机械部分

以 C620 车床作为机械主体。为适应计算机数控单旋轮普旋和滚

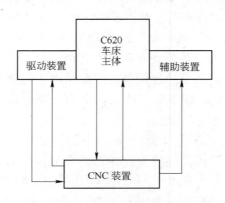

图 11－29 数控旋压机结构框图

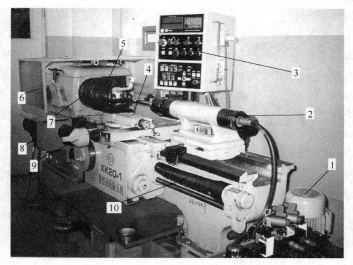

图 11-30 XK20-1 型数控旋压机床
1—尾顶油缸液压站；2—尾顶油缸；3—操作控制箱；
4—旋压芯模或尾顶；5—卡盘；6—挡油罩；7—刀架；
8—轴向伺服电机；9—横向滚珠丝杠；10—轴向滚珠丝杠

珠旋压高精度定位使用功能，对进给驱动系统采用纵横向高精度滚珠
丝杠传动，以便提高精度和传动效率。横向传动设计有前后双刀架，
一个为安装旋轮完成普旋，另一个安装供滚珠旋压的辅助装置和切削
刀具使用。把尾顶座改造成专用油缸的液压尾顶系统，可以完成普旋
坯料的紧固及滚珠旋压的进给功能。

　　B　直流伺服系统

　　直流伺服驱动具有工作平衡、启动调速良好及快速动态响应的特
点。且构成闭环电路后容易调整控制。采用两台 FANUK 直流伺服电
机作为执行元件。控制部分采用 PID 调节半闭环连续控制系统，可实
现点与点之间的各种复杂运动轨迹的控制。

　　C　控制计算机

　　采用工业控制微机 586DX 作为控制软件与控制对象的接口平台，
以实现 CNC 与 PNC 的旋压功能。数控装置既要有大量数据的处理能
力，又要有实时控制功能。所以在工业控制微机基础上专门自行设计

专用的接口电路。

D 软件系统

软件系统包括离线旋压芯模图形及道次曲线 CAD 规划和在线 NC 控制系统两大部分。离线部分由旋压零件的信息录入、检索及各道次规划方法模块组成。在线部分包括对操作面板各项功能的微机控制及加工道次的数据采集与插补运算功能。其目的是实现旋压运动轨迹的真正再现。

E 检测装置

检测元件是伺服系统的重要组成单元。编码器作为系统检测元件用于检测位移和速度，发送与反馈信号以构成半闭环伺服控制。其性能为 2000p/r 脉冲。系统的绝对位置用光栅尺检测，用数显表显示位置数值。

11.4.5.2 XK20-1 型数控旋压机技术性能

机床主轴中心高	床面以上 200mm
	旋轮以上 110mm
机床中心距	最大 830mm
主轴马达	4kW
主轴转速	80~1100r/min
旋轮座转角	±30°
横向旋压力	6kN
纵向旋压力	8kN
液压尾顶推力	5~15kN，可调
横向工作行程	190mm
纵向工作行程	500mm
旋轮架进给速度	最小 12.5mm/min
尾顶行程	400mm
普旋坯料厚度	2~3mm
滚珠旋薄管件尺寸	小于 $\phi20mm \times 1.5mm$
定位精度	±0.01mm
重复定位精度	±0.01mm
分辨能力	2.5μm

11.4.6 将链式冷拔机改造为滚珠旋压机床

文献 [53] 中介绍了一种新型具有滚珠旋压开坯及冷拔金属管

棒材双重功能的卧式旋压冷拔机。它是在现有通用冷拔机的基础上改造而成的。改造后的卧式旋压冷拔机外形结构原理及旋压头装置示意图如图 11–31 所示。

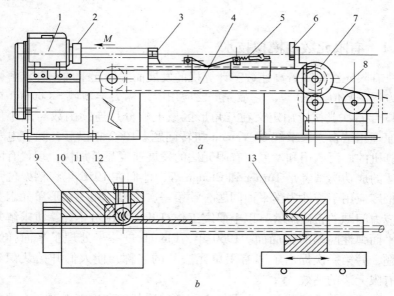

图 11–31　卧式旋压冷拔机及旋压头装置示意图

a—结构原理图；b—旋压头示意图

其结构有：机身 5、冷拔滑车 5、尾架 6、传动机构 7、变速器 8 以及驱动变速器的电动机，同时在机身 4 的头部增设一个类似机床的机头 1，其工作端为一特制的滚珠旋压头 2。

旋压头由外壳 9、芯衬 10 以及对称分布的三只滚珠 11 组成，并设有调节螺母 12。在进行滚珠旋压操作时，应用特制旋压滑车 3，以取代冷拔滑车 5，它同样由传动机构 7 的传动链传动。但是在安装时的运动方向与冷拔滑车相反。其滑座与冷拔滑车 5 相似，其上部改制为推料托模，内装有锥度（对半开）夹头 13。

12   滚珠旋压有限元分析

12.1   有限元数值模拟技术

有限元法是随着高速数字计算机的发展而发展起来的一种求解微分方程的数值方法[30]。它最先广泛应用于结构力学领域。Courant 在 1943 年首次尝试应用定义在三角形区域上的分片连续函数与最小位能原理相结合，来求解 St. Venant 扭转问题。1960 年以后，随着电子计算机的广泛应用和发展，有限元法的发展速度显著加快。现代有限元法的成功尝试者是 Turner 和 Clough 等，他们在 1956 年将钢架位移法推广应用于弹性力学平面问题，并第一次给出了用三角形单元求平面应力问题的正确解答。以上研究工作打开了利用电子计算机求解复杂平面弹性问题的新局面。1960 年，Clough 进一步处理了平面弹性问题，并第一次提出了"有限单元法"的名称，使人们开始认识到了有限元法的功效。

从确定单元特性并建立求解方程的理论基础和途径来看，有限单元法源于结构分析的刚度法，这对我们明确有限元法的一些物理概念很有帮助，但是刚度法只能处理一些比较简单的实际问题。1963 ~ 1964 年，Besseling，Melosh 和 Jones 等证明了有限单元法是基于变分原理中里兹（Ritz）法的另一种形式，从而可以将里兹法分析的所有理论基础搬到有限单元法中，确立了有限单元法处理连续介质问题的普遍性。利用变分原理建立起来的有限元方程和经典里兹法的主要区别在于有限单元法假设的近似函数不是在全求解域上而是在单元上规定的，并且事先并不要求满足任何边界条件，因此可以用来处理复杂的连续介质问题。从 20 世纪 60 年代后期开始，进一步发展了利用加权余量法来确定单元特性和建立有限元求解方程。基于加权余量的伽辽金（Galerkin）法建立有限元求解方程，可以解已知问题的微分方程和边界条件，但不必局限于尚未找到的泛函，因而进一步扩大了有限元法的应用领域。

40 多年来，有限元法的应用已由弹性力学平面问题扩展到空间问题、板壳问题，由静力平衡问题扩展到稳定问题、动力问题和波动问题。分析的对象从弹性材料扩展到塑性、黏弹性、黏塑性和复合材料等，从固体力学扩展到流体力学、传热学等领域。在工程中的作用也从分析和校核扩展到了优化设计并和计算机辅助设计技术相结合。可以预计，随着现代力学、计算数学和计算机技术等学科的发展，有限单元法作为一种具有巩固理论基础和广泛应用效力的数值分析工具，必将在国民经济建设和科学技术发展中发挥更大的作用，其自身亦将得到进一步的发展和完善。

12.2　塑性有限元法的发展

金属塑性加工过程是一个非常复杂的弹塑性变形过程，既有物理非线性（本构关系非线性），又有几何非线性（应变和位移关系的非线性）。在成形过程中常伴随着应变强化，应变诱发各向异性，温度以及黏性效应，应变诱发相变等一系列物理现象发生，这些物理现象又影响到成形共建的应力、应变及本构关系和产品性能等。此外，金属成形过程的摩擦对金属塑性成形过程起着非常重要的作用，而其摩擦规律却不够清楚，并且它的边界条件往往也很复杂。以前在处理这类问题时多按塑性理论采用解析的方法来求解。但由于问题的复杂性，以及数学处理上的困难，解析法不得不采用一些较大的简化或假设，以求得原问题的近似解，由于这些假设与实际情况差别较大，因而计算的准确性和可靠性降低，从而使解析法在实际应用中受到较多的限制。

相比之下，有限元模拟技术为这一问题的解决提供了可能，有限元法可以采用不同形状、不同大小和不同类型的单元离散任意形状的变形体，适用于各种速度边界条件，可以方便地处理复杂模具形状、变形工件与模具间的摩擦、材料硬化效应、速度敏感性以及变形温度等因素对塑性成形过程的影响，并能够模拟出整个成形过程的塑性流动规律，获得变形过程任意时刻的应力场、应变场、速度场和温度场等信息。因此，有限元法在金属塑性成形过程中得到了日益广泛的应用。

根据变形特征，金属塑性成形分为体积成形和板料成形工艺两大类，在体积成形中，金属材料往往产生较大的塑性变形，弹性变形量相对较少，可忽略不计。而在板料成形中，金属材料虽然总的变形较大，但其中的弹塑性变形部分所占的比例并非很小，此时必须与塑性变形同时考虑。正因为如此，形成了两种典型的材料模型，即刚塑性材料模型和弹塑性材料模型。由于金属材料的弹性和塑性本构关系差别较大，其对应问题的描述乃至求解都有很大差别，因此，与之相对应的有限元法数值模拟方法又可分为刚塑性有限元法和弹塑性有限元法两大类。

弹塑性有限元法在处理问题时考虑金属材料的弹性变形和塑性变形，弹性区采用 Hooke 定律，塑性区采用 Prandtl - Reuss 方程和Mises 屈服准则，求解未知量是节点位移增量，弹塑性有限元法分为小变形弹塑性有限元法和大变形弹塑性有限元法两种，前者采用小变形增量来描述大变形问题，处理形式简单，但积累误差大，目前很少采用。以后以大变形（有限变形）理论为基础采用 Lagrange 描述，同时考虑材料的物理非线性和几何非线性，因而理论关系较为复杂，增量步长很小，计算效率低。但弹塑性有限元法既可以分析塑性成形的加载过程，又可以分析卸载过程，包括计算工件变形后内部的残余应力、残余应变和工件的回弹量等数据。

刚黏塑性有限元法不计弹性变形，采用 Levy - Mises 率方程和Mises 屈服准则，求解未知量为节点速度。它通过在离散空间内对速度积分来处理几何非线性，因而解法相对简单，对于材料模型，典型的有刚塑性硬化材料和刚黏塑性材料。刚塑性硬化材料对应的有限元法是习惯上所称的刚塑性有限元法，它适用于冷、温态体积成形问题。刚黏塑性材料对应的为刚黏塑性有限元法，它适用于热态体积成形问题，并且可以进行变形与传热的热力耦合分析。刚黏塑性有限元法的主要不足是不能进行卸载分析，无法得到残余应力、残余应变及回弹，此外刚性区的应力计算也存在一定的误差。

12.3 大变形弹塑性有限元理论概要

12.3.1 屈服准则

处于塑性状态的点，其应力分量 σ_{ij} 的函数满足屈服准则

$$f(\sigma_{ij}) = 0 \qquad (12-1)$$

如果用偏应力分量 σ'_{ij} 表示，则屈服准则可表示为

$$f(\sigma'_{ij}) = 0 \qquad (12-2)$$

其中

$$\sigma'_{ij} = \sigma_{ij} - \frac{1}{3}\sigma_{ij}\sigma_{kk} \qquad (12-3)$$

偏应力的三个不变量为

$$J'_1 = \sigma'_{ij} = \sigma'_x + \sigma'_y + \sigma'_z$$

$$J'_2 = \frac{1}{2}\sigma'_{ij}\sigma'_{ij} = \frac{1}{6}\big[(\sigma_x - \sigma_y)^2 + (\sigma_y - \sigma_z)^2 + (\sigma_z - \sigma_x)^2 +$$

$$6(\tau_{xy}^2 + \tau_{yz}^2 + \tau_{zx}^2)\big]$$

$$J'_3 = \sigma'_x\sigma'_y\sigma'_z + 2\tau_{xy}\tau_{yz}\tau_{zx} - \sigma'_x\tau_{yz}^2 - \sigma'_y\tau_{zx}^2 - \sigma'_z\tau_{xy}^2$$

$$(12-4)$$

由式（12-3）可得

$$J'_1 = 0 \qquad (12-5)$$

屈服函数如用不变量表示，则式（12-2）可写为

$$f(J'_2, J'_3) = 0 \qquad (12-6)$$

如果忽略 J'_3 的影响，则有

$$f(J'_2) = 0 \qquad (12-7)$$

对于 MARC 软件分析塑性问题，采用 Von Mises 屈服准则

$$f = \sqrt{3J'_2} - \overline{\sigma} = 0 \qquad (12-8)$$

12.3.2 流动准则

塑性应变增量与应力状态的关系采用 Prandt – Reuss 准则

$$d\varepsilon_{ij}^P = \lambda\frac{\partial f}{\partial\sigma_{ij}} \qquad (12-9)$$

式中　　$d\varepsilon_{ij}^P$——塑性应变增量；

f——屈服函数；

λ——比例常数。

式（12-9）表明塑性应变增量张量与 $f=0$ 曲面垂直，也称垂直流动准则，或相关流动准则。

12.3.3 硬化准则

材料硬化准则一般有三种：各向同性硬化、运动硬化、混合硬化。弹塑性问题一般采用各向同性硬化准则，它是指随着塑性应变的增加，屈服面中心点不移动而屈服均匀膨胀。

12.3.4 弹塑性本构方程

下面将推导采用 Von Mises 屈服准则、相关流动准则的弹塑性方程组。屈服应力用 $\bar{\sigma}$ 表示，则有屈服函数

$$f = J_2'(\sigma_{ij}) - \frac{1}{3}\bar{\sigma}^2 = \frac{1}{2}\sigma_{ij}'\sigma_{ij}' - \frac{1}{3}\bar{\sigma}^2 = 0 \qquad (12-10)$$

流动准则采用相关流动准则，见式（12-9）。

应变可以假定为弹、塑性应变之和，应变增量则为两者增量之和

$$d\varepsilon_{ij} = d\varepsilon_{ij}^e + d\varepsilon_{ij}^p \qquad (12-11)$$

对于弹性应变，应用胡克定律，有

$$d\sigma_{ij} = C_{ijkl}d\varepsilon_{ij}^e \qquad (12-12)$$

可得

$$d\sigma_{ij} = C_{ijkl}(d\varepsilon_{ij} - d\varepsilon_{ij}^p) \qquad (12-13)$$

式中，C_{ijkl} 是弹性应力–应变关系矩阵，由杨氏模量、泊松比确定。

屈服应力与塑性应变、加工硬化系数 H' 的关系可由下式表示：

$$H' = \frac{\partial\bar{\sigma}}{\partial\varepsilon^p} \qquad (12-14)$$

对于后续屈服状态，式（12-10）成立，并有

$$df = \frac{\partial f}{\partial\sigma_{ij}}d\sigma_{ij} - \frac{2}{3}\bar{\sigma}\frac{\partial\bar{C}}{\partial\varepsilon^p}d\bar{\varepsilon}^p = 0 \qquad (12-15)$$

式中

$$\frac{\partial f}{\partial\sigma_{ij}} = \sigma_{ij}' \qquad (12-16)$$

利用式（12-9）可得到 $\bar{\varepsilon}^p$ 和 $\bar{C}$ 的关系

$$d\bar{\varepsilon}^p = \sqrt{\frac{2}{3}d\varepsilon_{ij}^p d\varepsilon_{ij}^p} = \frac{2}{3}\lambda\sqrt{\frac{3}{2}\sigma_{ij}'\sigma_{ij}'} = \frac{2}{3}\lambda\bar{\sigma} \qquad (12-17)$$

将式（12-14）、式（12-16）、式（12-17）代入式（12-15）有

$$\sigma'_{ij}\mathrm{d}\sigma_{ij} - \left(\frac{2}{3}\overline{\sigma}\right)^2 H'\lambda = 0 \qquad (12-18)$$

将式（12-9）、式（2-16）代入式（12-13）可得

$$\mathrm{d}\sigma_{ij} = C_{ijkl}(\mathrm{d}\varepsilon_{ij} - \lambda\partial'_{ij}) \qquad (12-19)$$

将上式代入式（12-18）得

$$\lambda = \frac{\sigma'_{ij}C_{ijkl}\mathrm{d}\varepsilon_{ij}}{\sigma'_{ij}C_{ijkl}\sigma'_{ij} + \left(\frac{2}{3}\overline{\sigma}\right)^2 H'} \qquad (12-20)$$

代入式（2-19）中可得应力增量与应变增量之间关系的方程组为

$$\mathrm{d}\sigma_{ij} = \left[C_{ijkl} - \frac{C_{ijkl}\sigma'_{mn}\sigma'_{pq}C_{pqkl}}{\sigma'_{ij}C_{ijkl}\sigma'_{ij} + \left(\frac{1}{2}\overline{\sigma}\right)^2 H'} \right]\mathrm{d}\varepsilon_{ij} \qquad (12-21)$$

12.4 增量形式的平衡方程与 T. L. 公式

12.4.1 增量形式的平衡方程

对于非线性问题，在使用变分原理或虚功原理时，应考虑结构经受大位移、大应变和应力应变关系非线性的情况。因此在考虑非线性结构的平衡方程时，必须建立起当前的位形，并使用增量形式，采用逐步求解的方法。

采用 Lagrangian 描述。描述物体在 $t=0$ 时刻的位形的坐标是 ${}^0x_i$，t 时刻位形的坐标是 ${}^tx_i$，$t+\Delta t$ 时刻位形的坐标是 ${}^{t+\Delta t}x_i$。其中，左上标代表物体的位形，右下标代表物体坐标分量。

如已知离散时间点 0，Δt，$2\Delta t$，$\cdots$，t 时刻的形态，利用虚功原理所建立的方程可解出 $t+\Delta t$ 时刻的静动态变量。虚功方程表示了物体在 $t+\Delta t$ 时刻的平衡，表达式为

$$\int_{t+\Delta t_V} {}^{t+\Delta t}\sigma_{ij}\delta_{t+\Delta t}e_{ij}{}^{t+\Delta t}\mathrm{d}V = {}^{t+\Delta t}R \qquad (12-22)$$

式中 $^{t+\Delta t}\sigma_{ij}$——应力张量笛卡儿坐标分量；

$\delta_{t+\Delta t}e_{ij}$——无限小应变张量笛卡儿分量，

$$\delta_{t+\Delta t}e_{ij} = \delta\frac{1}{2}\left(\frac{\partial u_i}{\partial^{t+\Delta t}x_j} + \frac{\partial u_j}{\partial^{t+\Delta t}x_i}\right) = \frac{1}{2}\left(\frac{\partial\delta u_i}{\partial^{t+\Delta t}x_j} + \frac{\partial\delta u_j}{\partial^{t+\Delta t}x_i}\right)$$

$$(12-23)$$

$^{t+\Delta t}R$——外力的虚功，

$$^{t+\Delta t}R = \int_{t+\Delta t_V}{}^{t+\Delta t}f_i\delta u_i{}^{t+\Delta t}\mathrm{d}V + \int_{t+\Delta t_s}t_i\delta u_i{}^{t+\Delta t}\mathrm{d}s \quad (12-24)$$

$^{t+\Delta t}f_i$——作用在物体上的外力；

δu_i——虚位移矢量的第 i 个分量。

12.4.2 T. L. 公式

现在的问题是求解基本方程（12-22），它是对应于 $t+\Delta t$ 时刻的位形，考虑物体的平衡和协调条件而得出的，必然涉及到合适的应力和应变描述，而且，本构关系也要通过应力的计算而包括在方程中。为了描述 $t+\Delta t$ 时刻的平衡状态，通常采用 Lagrangian 描述。它有两种表达方法，即以 $t=0$ 时刻状态为度量基准的 T. L. 描述方法和以 $t=t$ 时刻为度量基准的 U. L. 描述方法。这里主要介绍 T. L. 描述方法。

T. L. 方法的主要特点是式（12-22）和式（12-24）中的变量是参照物在 $t=0$ 时刻的位形定义的。方程（12-24）中的外加载荷由下式定义为

$$\int_{t+\Delta t_V}{}^{t+\Delta t}t_i{}^{t+\Delta t}\mathrm{d}s = \int_s{}^{t+\Delta t}_0t_i{}^0\mathrm{d}s$$

$$\int_{t+\Delta t_s}{}^{t+\Delta t}f_i{}^{t+\Delta t}\mathrm{d}V = \int_{0_V}{}^{t+\Delta t}_0f_i{}^0\mathrm{d}V \quad (12-25)$$

这里，假设外力 $^{t+\Delta t}_0t_i$ 和 $^{t+\Delta t}_0f_i$ 的方向和数值并不依赖于物体在 $t+\Delta t$ 时刻的位形。于是，方程（12-22）中的 Cauchy 应力积分式变为

$$\int_{t+\Delta t_V}{}^{t+\Delta t}\sigma_{ij}\delta_{t+\Delta t}e_{ij}{}^{t+\Delta t}\mathrm{d}V = \int_V{}^{t+\Delta t}_0s_{ij}\delta^{t+\Delta t}_0\varepsilon_{ij}{}^0\mathrm{d}V \quad (12-26)$$

式中，${}_{0}^{t+\Delta t}s_{ij}$ 是 $t+\Delta t$ 时刻在 $t=0$ 时位形中定义的 Kirchhoff 应力张量的笛卡儿分量，$\delta {}_{0}^{t+\Delta t}\varepsilon_{ij}$ 是参考 $t=0$ 时刻的位形在 $t=\Delta t$ 时刻的 Green 应变张量的笛卡儿分量的变分。

将方程（12-25）和（12-26）代入方程（12-22）中，即可得到相对于 0 时刻位形的物体在 $t+\Delta t$ 时刻位形的平衡方程。即

$$\int_{{}_{0}V} {}_{0}^{t+\Delta t}S_{ij}\delta {}_{0}^{t+\Delta t}\varepsilon_{ij}\,\mathrm{d}V = {}^{t+\Delta t}R \tag{12-27}$$

式中，${}^{t+\Delta t}R$ 由下式给出

$$ {}^{t+\Delta t}R = \int_{{}_{0}s} {}_{0}^{t+\Delta t}t_i\delta u_i{}^0\mathrm{d}s + \int_{{}_{0}V} {}^{t+\Delta t}f_i\delta u_i{}^0\mathrm{d}V \tag{12-28}$$

将 $t+\Delta t$ 时刻的应力和应变分别看成 t 时刻的应力和应变及增量应力和应变之和，并将增量应变写成线性部分和非线性部分之和，Kirchhoff 应力增量与 Green 应变增量由本构张量 ${}_0C_{ijrs}$ 相联系，即可得 T. L. 描述的非线性方程。为了便于求解，将其线性化即得增量形式的 T. L. 方程

$$\int_{{}_0V} {}_0C_{ijrs\,0}e_{rs}\delta {}_0e_{ij}{}^0\mathrm{d}V + \int_{{}_0V} {}_0^tS_{ij}\delta {}_0\eta_{ij}{}^0\mathrm{d}V = {}^{t+\Delta t}R - \int_{{}_0V} {}_0^tS_{ij}\delta {}_0e_{ij}{}^0\mathrm{d}V \tag{12-29}$$

12.5 弹塑性大变形有限元形式方程

对等参单元，坐标和位移插值公式是

$$
\left.
\begin{aligned}
{}^0x_i &= \sum_{k=1}^{n} N_k\,{}^0x_i^k \\
{}^tx_i &= \sum_{k=1}^{n} N_k\,{}^tx_i^k \\
{}^{t+\Delta t}x_i &= \sum_{k=1}^{n} N_k\,{}^{t+\Delta t}x_i^k \\
{}^tu_i &= \sum_{k=1}^{n} N_k\,{}^tu_i^k \\
u_i &= \sum_{k=1}^{n} N_k u_i^k
\end{aligned}
\right\} \tag{12-30}
$$

式中 ${}^tx_i^k$ ——（两个字）节点 k 相应于 t 时刻的 i 方向的坐标；

$^t u_i^k$——节点 k 相应于 t 时刻的 i 方向的位移；

N_k——节点 k 的形函数；

n——单元插值节点的总数。

按照一般有限元方法，利用方程（12－30）求出 T.L. 方程（12－29）的积分式中所要用的位移倒数，于是方程（12－29）变为

$$(_0^t[K_L] + _0^t[K_{NL}])\{U\} = {}^{t+\Delta t}\{R\} - _0^t\{F\} \qquad (12-31)$$

式中，载荷矢量 $^{t+\Delta t}\{R\}$ 用常规方法插值求得，$_0^t[K_L]\{U\}$、$_0^t[K_{NL}]\{U\}$ 和 $_0^t\{F\}$ 分别是 $\int_{_0V} {}_0 c_{ijrs \, 0} e_{rs}\delta_0 e_{ij}{}^0 dV$、$\int_{_0V} {}_0^t S_{ij}\delta_0\eta_{ij}{}^0 dV$ 和 $\int_{_0V} {}_0^t S_{ij}\delta_0 e_{ij}{}^0 dV$ 的有限元矩阵形式，即

$$_0^t[K_L] = \int_{_0V} {}_0^t[B_L]_0[C]_0^t[B_L]^0 dV \qquad (12-32)$$

$$_0^t[K_{KL}] = \int_{_0V} {}_0^t[B_{NL}]^{T} {}_0^t[S]_0^t[B_{NL}]^0 dV \qquad (12-33)$$

$$_0^t[F] = \int_{_0V} {}_0^t[B_L]_0^t[S]^0 dV \qquad (12-34)$$

式中 $_0^t[B_L]$，$_0^t[B_{NL}]$——应变、位移转换阵的线性和非线性形式；

$_0[C]$——增量材料特性阵；

$_0[C]_0^t[S]$——Kirchhoff 应力构成的矩阵。

12.6 基本问题的处理

由于金属塑性成形时有几何非线性、材料非线性、边界条件非线性等问题，在进行数值模拟的计算过程中，通常采用有限元软件中的大变形、弹塑性、接触等分析功能并对相关问题进行分析和处理。

12.6.1 变形体的运动描述

大变形有限元法对变形体的描述一般采用以下两种描述方式：拉格朗日（Lagrangian）描述和欧拉（Euler）描述。如图 12－1 所示。

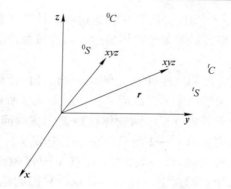

图 12 - 1 Lagrangian 描述

在引入坐标系对变形体的运动进行数学描述时，最方便的选择是使坐标系的原点和方向在空间中固定不变。若选择常见的笛卡儿坐标 $OXYZ$，并记坐标单位矢量为 i，j，k，则点（x，y，z）的位移矢量可记为

$$r = xi + yj + zk \qquad (12-35)$$

由于变形体处于运动和变形状态，它在不同时刻就占据空间中不同的区域，这样的每个区域称为物体的位形。如果任意选择物体的某一位形 ^0C，并设其界面为 ^0S，该位形质点系的位矢记为 $R = (X, Y, Z)$。又设 t 时刻物体占有的位形为 ^tC，标记为 R 的质点将运动到一个新的位置，记为 r，r 取决于 R 和 t，于是可以建立描述物体运动的一种形式，即

$$r = r(R, t) \qquad (12-36)$$

式（12-36）称为物体运动的 Lagrangian 描述。当运动变量参考于每一载荷或时间步长开始时的位形，即在分析过程中参考位形是不断被更新的，这种格式称为更新的 Lagrangian 描述。

12.6.2 接触问题和运动关系的处理

就管材旋压过程而言，旋轮与筒形管坯之间产生接触变形，夹紧装置和管坯要夹在一起做旋转运动，因此对该过程的模拟，必然涉及

到接触问题。从力学角度分析，接触是边界条件高度非线性的复杂问题，需要准确追踪接触前多个物体的运动以及接触发生后接触物体逐渐相互作用。

旋轮与管坯之间的接触可定为刚体与变形体的接触，在进行有限元分析时，可选用程序中的三维面－面接触单元。所谓接触单元是用来反映并处理变形分析过程中两物体接触面间接触问题的特殊单元。单元的形状、结构如图 12－2 所示。它由三个节点 I、J、K 构成。两个实体面分别称为接触面、目标面。K 点位于接触面上，称为接触点；I、J 两点位于目标面上，称为目标点，它们的连线称为目标线。各节点上有两个自由度 U_x、U_y，分别表示 X、Y 方向上的位移。垂直目标线且向上的方向为法线方向，平行于目标线 I、J，且由 I 指向 J 的方向是切线方向。

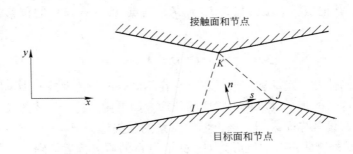

接触面和节点

目标面和节点

图 12－2　接触单元示意图

变形分析中，当接触面与目标面相互接近，接触点 K 与目标线 IJ 相接触时，接触问题产生，两实体处于接触状态。

图 12－3 所示为简化了的接触单元，"g" 值是 K 点与目标线 IJ 间的垂直间隙值，它反映了变形分析中，两实体的接触或分离状态。变形分析中，当间隙值 "g" 为正时，接触点 K 与目标线 IJ 间处于分离状态；当 "g" 为负时，K 点透过目标线，渗入目标体，出现穿透现象，这样将影响两接触体间相对运动的正常进行；当 "g" 值为零时，两接触面正好相结合，两接触体间的相对运动正常进行。通过调整接触单元内接触面间的法向刚度值 K_n 的大小来控制变形分析过

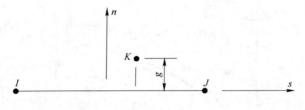

图 12 – 3   实体的接触或分离状态

程中两接触面间的间隙值"g",消除穿透现象,使接触相对运动正常进行。

$$F_n = \begin{cases} K_n \cdot g & (g < 0) \\ 0 & (g \geqslant 0) \end{cases} \qquad (12-37)$$

式中,F_n 为两接触面间的法向力;K_n 为法向接触刚度,反映接触单元在法线方向上与位移间的关系;其单位是"力/长度",即单位长度上的法向力。其作用是在接触面间确定法向力,限制 K 点对目标线的渗入,增强位移的兼容,消除穿透现象。

夹紧装置和管坯之间的接触可定为黏合,黏合是一种特殊的接触模型,接触体之间无相对滑动速度,把具有不同网格的两个部分粘连在一起,主要是通过施加很大的分隔力和无相对滑动的 Glue 功能实现,分隔力要足够大,以保证粘在一起的物体永不分离。

12.6.3   非线性问题的处理

一种近似的非线性求解是将载荷分成一系列的载荷增量。可以在几个载荷步内或者一个载荷步的几个子步内施加载荷增量,在每一个增量的求解完成后,继续进行下一个载荷增量之前调整刚度矩阵以反映结构刚度的非线性变化。但纯粹的增量近似不可避免地要随着每一个载荷增量积累误差,导致结果最终失去平衡,如图 12 – 4 所示。

下面仅介绍适用于高度非线性问题的全牛顿 – 拉普森法的相关内容。全牛顿 – 拉普森法迫使在每一个载荷增量的末端解达到平衡收敛

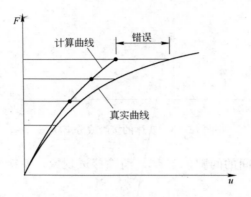

图 12 - 4　纯粹增量式解

（在某个容限范围内）。如图 12 - 5 所示，描述了在单自由度非线性分析中牛顿 - 拉普森平衡迭代的使用。在每次求解前，牛顿 - 拉普森方法估算出残差矢量，这个矢量是回复力（对应于单元应力的载荷）和所加载荷的差值，然后使用非平衡载荷进行线性求解，且核查收敛性。如果不满足收敛准则，就重新估算非平衡载荷，修改刚度矩阵，获得新解。持续这种迭代过程直到问题收敛。

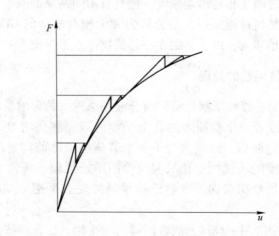

图 12 - 5　全牛顿 - 拉普森迭代

12.6.4　非线性迭代的收敛判据

常用的判断收敛性的判据主要有检查残差、检查位移和检查应变能三类判据。下面简要介绍检查残差判据。

残差用来度量迭代的近似位移所产生的内力（内力矩）与外载荷之间不平衡的程度。残差为零则表明内力（内力矩）与外力（外力矩）平衡，对应的解是精确的结果。因此，要使迭代后的近似结果进度足够高，就必须使残差足够小。允许进行相对残差检查和绝对残差检查。

$$\frac{\| F_{\text{residual}} \|_{\max}}{\| F_{\text{reaction}} \|_{\max}} < TOL_1$$

$$\frac{\| F_{\text{residual}} \|_{\max}}{\| F_{\text{reaction}} \|_{\max}} < TOL_1 \quad \text{和} \quad \frac{\| M_{\text{residual}} \|_{\max}}{\| M_{\text{reaction}} \|_{\max}} < TOL_2$$

$$\| F_{\text{residual}} \|_{\max} < TOL_1$$

$$\| F_{\text{residual}} \|_{\max} < TOL_1 \quad \text{和} \quad \| M_{\text{residual}} \|_{\max} < TOL_2$$

其中，TOL_1 和 TOL_2 分别是给定的残差误差允许值，F_{residual}、F_{reaction} 分别是节点自由度上力的残差和最大反力，M_{residual}、M_{reaction} 分别是节点自由度上力矩的残差和最大反作用力矩。相对残差定义为残差与系统最大反作用力（力矩）之比。

12.7　DEFORM 系列软件介绍

目前，世界上许多公司推出了商业化并行计算有限元软件，如 MARC、ANSYS、LS – DYNA3D、ADINA、DEFORM – 3D 等，这些软件都具有较强的计算功能和各自的特点。DEFORM 是一套基于有限元的工艺仿真系统，用于分析金属成形及其相关工业的各种成形工艺和热处理工艺。通过在计算机上模拟整个加工过程，帮助工程师和设计人员设计工具和产品工艺流程，减少昂贵的现场试验成本。提高工模具设计效率，降低生产和材料成本。缩短新产品的研究开发周期。

（1）DEFORM – 2D（二维）。它适用于各种常见的 UNIX 工作站平台（HP，SGI，SUN，DEC，IBM）和 Windows – NT 微机平台。可以分析平面应变和轴对称等二维模型，包含了最新的有限元分析技术，既适用于生产设计，又方便科学研究。

（2）DEFORM – 3D（三维）。它适用于各种常见的 UNIX 工作站平台（HP，SGI，SUN，DEC，IBM）和 Windows – NT 微机平台。可以分析复杂的三维材料流动模型。用来分析那些不能简化为二维模型的问题尤为理想。

（3）DEFORM – PC（微机版）。它适用于运行 Windows 95，98 和 NT 的微机平台。可以分析平面应变问题和轴对称问题。适用于有限元技术刚起步的中小企业。

（4）DEFORM – PC Pro（Pro 版）。它适用于运行 Windows 95，98 和 NT 的微机平台。比 DEFORM – PC 功能强大，包含了 DEFORM – 2D 的绝大部分功能。

（5）DEFORM – HT（热处理）。它附加在 DEFORM – 2D 和 DEFORM – 3D 上。除了成形分析外，DEFORM – HT 还能分析热处理过程，包括硬度、晶相组织分布、扭曲、残余应力、碳含量等。

12.7.1 DEFORM 功能

12.7.1.1 成形分析

（1）冷、温、热锻的成形和热传导耦合分析（DEFORM 所有产品）。

（2）丰富的材料数据库，包括各种钢、铝合金、钛合金和超合金（DEFORM 所有产品）。

（3）用户自定义材料数据库允许用户自行输入材料数据库中没有的材料（DEFORM 所有产品）。

（4）提供材料流动、模具充填、成形载荷、模具应力、纤维流向、缺陷形成和韧性破裂等信息（DEFORM 所有产品）。

（5）刚性、弹性和热黏塑性材料模型，特别适用于大变形成形分析（DEFORM 所有产品）。

（6）弹塑性材料模型适用于分析残余应力和回弹问题（DEFORM – Pro，2D，3D）。

（7）烧结体材料模型适用于分析粉末冶金成形（DEFORM – Pro，2D，3D）。

（8）完整的成形设备模型可以分析液压成形、锤上成形、螺旋压力成形和机械压力成形（DEFORM 所有产品）。

（9）用户自定义子函数允许用户定义自己的材料模型、压力模型、破裂准则和其他函数（DEFORM – 2D，3D）。

（10）网格划分（DEFORM – 2D，PC，Pro）和质点跟踪（DEFORM 所有产品）可以分析材料内部的流动信息及各种场量分布。

（11）温度、应变、应力、损伤及其他场变量等值线的绘制使后处理简单明了（DEFORM 所有产品）。

（12）自我接触条件及完美的网格再划分使得在成形过程中即便形成了缺陷，模拟也可以进行到底（DEFORM – 2D，Pro）。

（13）多变形体模型允许分析多个成形工件或耦合分析模具应力（DEFORM – 2D，Pro，3D）。

（14）基于损伤因子的裂纹萌生及扩展模型可以分析剪切、冲裁和机加工过程（DEFORM – 2D）。

12.7.1.2　热处理

模拟正火、退火、淬火、回火、渗碳等工艺过程，预测硬度、晶粒组织成分、扭曲和碳含量。专门的材料模型用于蠕变、相变、硬度和扩散。可以输入顶端淬火数据来预测最终产品的硬度分布。可以分析各种材料晶相，每种晶相都有自己的弹性、塑性、热和硬度属性。混合材料的特性取决于热处理模拟中每步各种金属相的百分比。DEFORM 用来分析变形、传热、热处理、相变和扩散之间复杂的相互作用。拥有相应的模块以后，这些耦合效应将包括：由于塑性变形功引起的升温、加热软化、相变控制温度、相变内能、相变塑性、相变应变、应力对相变的影响以及碳含量对各种材料属性产生的影响等。

12.7.2　DEFORM 软件操作流程

12.7.2.1　导入几何模型

在 DEFORM – 3D 软件中，不能直接建立三维几何模型，必须通过其他 CAD/CAE 软件建模后导入 DEFORM 系统中，目前，DEFORM – 3D 的几何模型接口格式有：

（1）STL：几乎所有的 CAD 软件都有这个接口。它由一系列的三角形拟合曲面组成。

（2）UNV：是由 SDRC 公司（现合并到 EDS 公司）开发的软件 IDEAS 制作的三维实体造型及有限元网格文件格式，DEFOEM 接受其划分的网格。

（3）PDA：MSC 公司的软件 Patran 的三维实体造型及有限元网格文件格式。

（4）AMG：这种格式 DEFORM 存储已经导入的几何实体。

12.7.2.2　网格划分

在 DEFORM – 3D 中，如果用其自身带的网格划分程序，只能划分四面体单元，这主要是为了考虑网格重划分时的方便和快捷。但是它也接收外部程序所生成的六面体（砖块）网格。网格划分可以控制网格的密度，使网格的数量进一步减少，而不至于在变形剧烈的部位产生严重的网格畸变。

DEFORM – 3D 的前处理中网格划分有两种方式：

（1）用户指定单元数量，系统默认划分方式。用户指定的网格单元数量只是网格划分的上限约数，实际划分的网格单元数量不会超过这个值。用户可以通过拖动滑块修改网格单元数，也可以直接输入指定数值，该数值和系统计算时间有着密切的关系，该数值越大，所需要的计算量越大，计算时间越长。

（2）手动设置网格使用的是 Detailed settings 下的 Absolute 方式。该方式允许用户指定最小或最大的网格尺寸和最大与最小网格尺寸的比值。该值设置完成在网格单元数量中可以看到网格的大概数目，但无法在那里修改，只能通过修改最大或最小单元尺寸来修改网格数目。

12.7.2.3　初始条件

有些加工过程是在变温环境下进行的，比如热轧，在轧制过程中，工件、模具与周围环境介质之间存在热交换，工件内部因大变形生成的热量及其传导都对产品的成形质量产生重要的影响，对此问题，仿真分析应按照瞬态热 – 机耦合处理。DEFORM 材料库可以提供各个温度下材料的特性。

12.7.2.4 材料模型

在 DEFORM - 3D 软件中，用户可以根据分析的需要，输入材料的弹性、塑性、热物理性能数据，如果需要分析热处理工艺，还可以输入材料的每一种相关数据以及硬化、扩散等数据。

为了更方便地使用用户模拟塑性成形工艺，该软件提供了 100 余种材料（包括碳钢、合金钢、铝合金、钛合金、铜合金等）的塑性性能数据，以及多种材料模型。在材料库中，对每一种支持的材料提供了不同温度和应变率下材料流动应力应变曲线和膨胀系数、弹性模量、泊松比、热导率等随温度变化的曲线。

12.7.2.5 接触定义

接触菜单用于定义工件与所有用到的模具之间以及模具之间可能产生的接触关系。工件在变形过程中的温度，变形量是待求量，工件通常被定义成为可变形接触体。通常，最简单、计算效率最高的定义是用二维曲线（ZD 平面或是轴对称锻造）或是三维空间曲面（3D 锻造）描述模具参与接触部分的外表面轮廓，用刚性接触体描述。刚性接触体上只具有常温，起主动传递刚体位移或合力的作用。如果需要关心模具的温度变化，可将模具上所关心的部分离散成单元（二维平面单元或是三维轴对称实体单元），定义成为允许传热的刚性接触体，分析过程中，模具既有传递位移或合力作用，同时又有内部热量的传导和与外界的换热。实际锻造过程中，模具或多或少都存在变形，当要分析模具的温度和变形时，可将模具离散成为具有温度和位移自由度的有限单元，定义成为可变形的接触体，这会使计算的规模增加，但是分析结果更加合乎实际情况。还有一类刚性接触体为对称面，定义在工件上具有对称边界条件位置处，起施加对称边界条件的约束作用。定义的对称刚性平面可以满足法向的零位移约束和法向零热流约束条件。

12.7.2.6 网格自动重新划分

模拟分析过程中，单元附着在材料上，材料在流动过程中极易使相应的单元形状产生过度变形而导致畸形。单元畸变后可能会中断计算过程。因此，保证仿真过程中材料经过较大流动后分析仍然可以继续，获得的结果仍然具有足够的精度是非常重要的。DEFORM 在网格畸变达到一定程度后会自动重新划分畸变的网格，生成新的高质量网格。对 3D 分析，按增量加载频率或两组网格重划其间累积的最大应变增量来引导程序自动的网格重划。

12.7.2.7 增加约束

DEFORM 可以在节点上增加各个自由度的约束。

12.7.2.8 后处理

DEFORM 后处理菜单为用户提供了直观、方便的评价成形过程、成形产品质量、工具损伤的必需信息以及图片、文本和表格形式提取和保存所需结果的各种工具。DEFORM 支持在加工过程中以等值线、分布云图、数值符号、色标、等值面和切平面矢量等方式显示各种场变量分布。也可按路径显示或历程显示分析结果。显示结果能够借助于色调、光照和渲染产生出具有逼真效果的图形。也可利用分析结果制作动画和电影。用户利用这些提取各种成形分析结果工具，足以获得设计产品加工工艺所关注的全部信息。这对设计人员充分了解设计工艺及其实施的可行性是大有裨益的。一旦模具设计和初始坯料形状尺寸不合理，从分析结果中可显示出材料流动受阻后可能出现的开裂或是重叠，从历程显示可以提取模具成形力随行程的变化曲线，是一个从设备加工能力、设备消耗角度来设计加工工艺的必需指标。在后处理界面中显示工件流动过程中应力、应变、应变率和温度的分布变化，帮助工艺设计师评定工件的加工质量。其中的局部加工硬化、应力集中、高应力梯度、工件模具的接触压力等结果，可以评定成形产品的质量好坏的控制因素。

12.8 滚珠旋压有限元分析及数值模拟

12.8.1 旋压过程数值模拟的意义及作用

旋压成形过程是一个复杂的弹塑性大变形过程，这是既有材料非线性，又有几何非线性，再加上复杂的边界接触条件的非线性，这些因素使得旋压成形机理非常复杂，难以用准确的数学关系式来进行描述。所以旋压成形工艺优化及数值模拟还有很多技术问题需要进一步的研究和解决。我们要不断地开拓新思路、借助新方法，来提高我们的研究水平，使得不断完善的 CAE 技术更有效地应用在旋压成形理论的研究和金属旋压成形的数值模拟中。以便能够获得较精确的分析和计算结果，更好地应用于旋压件实际生产中，对于确定工艺参数和产品质量控制起到应有的作用。随着有限元数值模拟在旋压技术中的应用，使研究从以试验为主转为计算机数值模拟与试验相结合，减少试旋的次数，降低试验成本，缩短研制周期，为新产品的研制和开发提供有利的条件和技术保障。

12.8.2 滚珠旋压的有限元分析实例

滚珠旋压的有限元模型依据其实际变形的结构特点而建立，并在此基础上进行相应的分析和计算。对于滚珠旋压，国内有关学者、研究人员都做了大量的工作，结合滚珠旋压实际变形过程主要从以下几方面进行研究：

（1）变形区的应力应变分析，沿管件壁厚由外层到内层应力应变的变化特点；

（2）优化工艺参数；

（3）成形性分析；

（4）滚珠旋薄产品质量及缺陷分析。

12.8.2.1 实例一 薄壁筒形件多道次滚珠旋压成形机理研究[62]

A 试验装置

采用反向滚珠旋压（图 12-6）进行薄壁筒形件的旋压成形。在

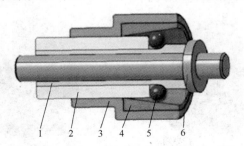

图 12-6 反向滚珠旋压工装示意图

1—工件；2—螺纹支承管；3—外支承圈；

4—圆锥模环；5—滚珠；6—芯模

成形过程中，旋压工装由旋压头和芯模构成。旋压头由螺纹支承管、外支承圈、圆锥模环和滚珠装配而成，旋压头装在车床的卡盘上，随车床的主轴一起旋转，芯模装在车床的尾顶上，筒坯固定在芯模上，随芯模进行轴向进给运动。通过在轴向上调整螺纹支承管与外支承圈的相对位置，来调节滚珠与芯模之间的间隙，从而实现不同的压下量，能够加工出不同壁厚和不同直径的零件。

　　B　工艺条件

　　在旋压实验过程中，涉及的材料及工艺参数如下：筒坯材料为5A02 铝合金，壁厚为2.5mm，内径为30mm；每道次的减薄量均为0.5mm；滚珠的直径为20mm，数量为8 个，进给比为1.6mm/r。通过压缩实验得到5A02 铝合金的应力应变曲线，并将其输入有限元模拟软件，作为材料模型。

　　C　有限元模型建立

　　有限元模型如图12-7 所示，在轴向滚珠旋入端，筒坯处于自由状态，而在筒坯的另一端，筒坯则处于约束状态。芯模固定不动，滚珠既有轴向进给运动，又有周向旋转运动，因此滚珠的运动轨迹为螺旋线。为了节省计算时间，采用了4 个滚珠，不影响模拟结果的准确性。芯模、滚珠和坯料尺寸均与实验相同，有限元模拟参数与实验工艺参数相同。壁厚为2.5mm、长度为20mm 的筒坯被划分为47712 个单元，11998 个节点。采用Deform23D 有限元模拟软件，对薄壁筒形件的多道次反向滚珠旋压进行模拟。

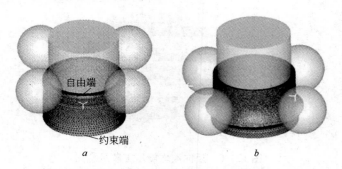

图12-7　筒形件反向滚珠旋压有限元模型

a—变形前；b—变形后

D　典型结果分析

a　旋压力分析

从图 12 - 8 可以看出，每道次的轴向旋压力分量随着滚珠行程的增加而增大，并且是周期性变化。随着旋压道次数的增加，轴向旋压分力总体上也是增大的。这是由于在多道次旋压过程中，金属材料发生了加工硬化。

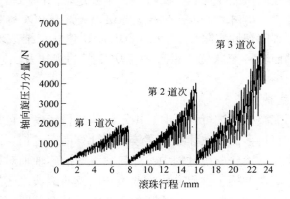

图 12 - 8　多道次旋压下每道次轴向分力分量随
滚珠行程变化的曲线

b　成形性分析

图 12 - 9 所示为经三道次滚珠旋压后得到的薄壁筒形件。可以看出，采用三道次旋压成形时由于各道次减薄量均较小，滚珠前方金属堆积较少，旋压过程中金属能够稳定流动，从成形结果看，第一道次

图 12 - 9　经三道次旋压的薄壁筒形件

的堆积和隆起最严重，以后各道次逐渐减小。这主要是由于在第一道次的旋压材料强度较低，滚珠前方的刚性区金属在轴向旋压分力的作用下，很容易产生轴向压缩变形，即在滚珠前方附近的金属易产生堆积，而在后续的旋压道次中，材料因加工硬化而变硬，滚珠前方的刚性区强度提高，旋压过程中的轴向分力不易使其发生轴向压缩变形，即滚珠前方附近的金属不容易堆积。而此时的径向分力还足以使其在变形区产生径向压缩变形，金属材质产生稳定轴向的伸长变形。

12.8.2.2   实例二   不锈钢薄壁管滚珠旋压模拟及缺陷分析[63]

采用三维刚塑性有限元软件 DEFORM3D 建立三维滚珠旋压有限元模型，继而分析滚珠旋压过程中金属变形的规律及出现的质量缺陷等。

A   模型的简化

当采用完整模型进行计算时，由于滚珠数目较多，且管坯网格划分后单元数目过多而导致计算速度较慢，计算周期过长，因此有必要对其进行简化。滚珠旋压过程中，坯料和滚珠沿芯轴轴对称分布，故可以将 n 个滚珠的旋压过程简化为两滚珠以及两滚珠之间的一段坯料间旋压的旋转对称问题。三维滚珠旋压有限元模型见图 12 – 10。

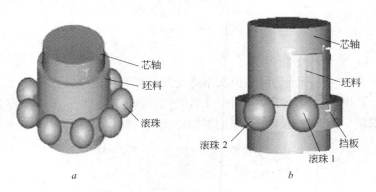

图 12 – 10   三维滚珠旋压有限元模型

a—完整模型；b—简化模型

B   运动方式的简化

管材滚珠旋压过程中，芯轴和毛坯轴向进给，凹模绕轴向旋转。

为方便旋压过程的模拟计算，假定芯轴和毛坯静止无转动。滚珠沿毛坯表面以一定轨迹运动，即在旋转的同时沿轴向进给。

C　模拟参数设置

模型中坯料设置为刚塑性材料，其余都处理为刚体。滚珠的旋转包括绕轴的公转和绕自身圆心的自转。所采用的旋压方式为正旋，为阻止坯料往下流动，故设置了挡板，图 12 – 8b 所示材料为 1Cr18Ni9Ti，坯料内径 50mm，壁厚 1mm，接触角 20°，减薄率 30% ~ 70%，进给比 0.1 ~ 1.2mm/r，芯轴转速 300r/min。

D　简化模型可行性分析

要保证简化模型合理性，必须保证在两个对称面变形一致，即需要保证滚珠 1 旋出对称面时滚珠 2 刚好旋入另一个对称面。由图 12 – 11a 所示的模拟结果可以看出，变形过程中对称面 1 和对称面 2 上变形区的面积、位置、应力分布基本一致。图 12 – 11b 所示为对称面上计算的应力分布结果，在对称面处没有出现由于简化产生的相对滑动，其外表面圆滑，网格连续性较好，从而验证了模型简化的合理性。

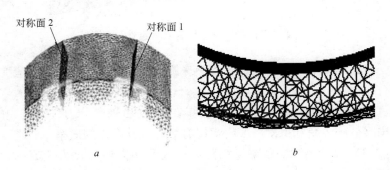

图 12 – 11　球位于对称面处时的应力分布
a—旋入和旋出变形区；b—变形区放大

该工艺试验还对滚珠旋压所可能出现的缺陷进行了分析和模拟。如图 12 – 12 ~ 图 12 – 16 所示。

经分析及研究后得出的结论为：

（1）建立了简化旋转对称的三维滚珠旋压有限元模型，利用有

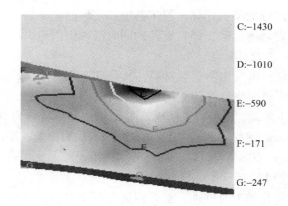

C:-1430

D:-1010

E:-590

F:-171

G:-247

图 12 - 12 工件壁厚方向上轴向应力分布图

表面起皱

图 12 - 13 计算所得的表面起皱示意图

限元模拟结果成功分析了薄壁管滚珠旋压成形过程，分析了其应变场的分布情况。

（2）滚珠旋压过程中，隆起缺陷主要是由轴向分力过大造成的，适当降低咬入角和道次减薄率都能有效降低其产生的概率。

（3）表面起皱的缺陷是由隆起过高和切向应力过大造成的，实验证明在进给比为 0.6、接触角为 20°时可有效防止此类缺陷。

（4）表面波纹主要是由工装设计和工艺参数的选择不合理造成的，调整滚珠压下量、进给比以及降低主轴转速和增大润滑液量，可降低其影响程度。

12.8.2.3 实例三 反旋带纵向内筋薄壁筒的有限元分析[64]

A 实验方法的确立

纵向内筋薄壁筒形件滚珠旋压过程中，金属材料的不均匀塑性变

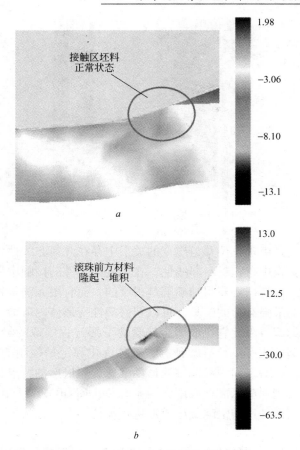

图 12 – 14 珠前方金属轴向速度场图

a—正常状态；*b*—隆起状态

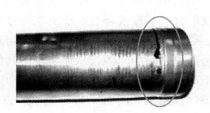

图 12 – 15 周向裂纹

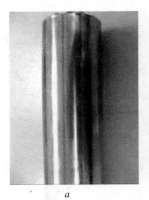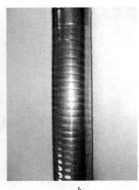

a　　　　　　　　　　　　　　　　b

图 12 - 16　滚珠旋压后钢管表面状态图

a—正常表面；b—表面波纹

形很大。这是由于在位移与应变的关系中存在几何非线性，在金属材料的本构关系中存在材料非线性，在工装与工件的接触中存在接触非线性。基于此特征要获得精确解是很难的，而有限元法是目前进行非线性分析的最强有力的工具。可以获得塑性变形体内应力、应变等场变量的详细解，因此它也成为金属塑性变形过程模拟的最流行方法。它是金属塑性成形进行科学预测、工艺优化和定量控制的有效方法。该实验方法针对纵向内筋薄壁筒形件滚珠旋压成形的特点，采用刚塑性有限元模型，应用商业有限元模拟软件 DEFORM – 3DV6.0 对纵向内筋薄壁筒形件反向滚珠旋压成形进行模拟。

　　B　实验条件

　　滚珠旋压工装的结构如图 12 – 17 所示，旋压工装采用单排滚珠。该工装由旋压头和芯模构成。旋压头由螺纹支承管、外支承圈、圆锥模环和滚珠构成，圆锥模环与外支承圈采取过盈配合，螺纹支承管与外支承圈采用螺纹配合。圆锥模环与螺纹支承管分别在径向和轴向对刚球起支承作用。通过在轴向上调整螺纹支承管与外支承圈的相对位置，来调节刚球与芯模之间的间隙，从而实现不同的压下量，能够加工出不同壁厚和不同直径的零件。

　　相关的实验条件及结果如图 12 – 17 ~ 图 12 – 20 所示。

　　芯模上有成形内筋所需要的凹槽。芯模横截面结构如图 12 – 18 所示。

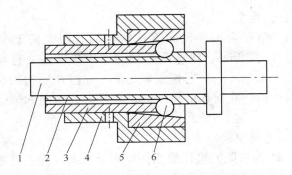

图 12-17 滚珠旋压工装示意图

1—芯模；2—工件；3—螺纹支承管；4—外支承圈；
5—圆锥模环；6—滚珠

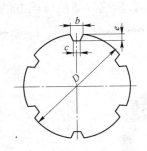

图 12-18 芯模横截面结构示意图

图 12-19 旋压过程照片

a

b

图 12-20 旋压件照片

a—内筋充满的旋压件；*b*—内筋没有充满的旋压件

C   有限元模型

纵向内筋薄壁筒形件反向滚珠旋压的有限元模型采用 4 个滚珠，滚珠直径为 20mm。滚珠既有轴向进给运动，又有周向旋转运动，进给比为 1.0mm/r，芯模固定不动。在滚珠的初始位置，筒坯的端面是自由的，在筒坯的另一端，在径向、切向和轴向三个方向均被约束。

D   有限元模拟成形分析

图 12 - 21 为有限元模拟旋压件成形示意图，为更好地理解旋压件的变形情况，把变形区分成三个区，即无内筋区、内筋区和堆积区。无内筋区径向为压应变，轴向和切向为伸长应变；内筋区轴向为压应变，径向和切向为伸长应变；堆积区切向为压应变，径向和轴向为伸长应变。无内筋区的径向压应变和切向伸长应变有利于金属流入芯模的凹槽形成内筋；而堆积区的径向伸长应变导致滚珠前方的金属有隆起的倾向。

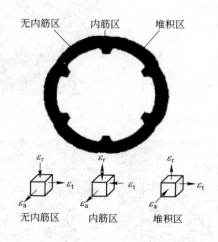

图 12 - 21   变形区应力应变简图

另外，FORM - 3DV6.0 提供了一个点追踪函数，可以进一步分析金属的塑性流动。在模拟过程中在筒坯中选择 N 个典型点。通过将各点的等效应变值进行比较可以看出，沿着筒坯的径向，等效应变值从筒坯的内壁向外壁逐渐增加，即距离筒坯内壁越近的点，其等效应变值越小。所以，有限元模拟结果证明，沿着筒坯厚度方向，金属的塑性变形从内向外逐渐增大，筒坯的内壁接近于刚性区。

附录　滚珠旋压术语与符号释义

管（筒）坯壁厚	$T_0(t_0)$	滚珠轴向进给的外螺旋角	β
旋后管件壁厚	t_f	旋压芯杆直径（半径）	$d_m(r_m)$
管坯外径	D_0	总旋压力	P
管坯外半径	R_0	旋压径向分力	P_r
管坯内径	d_0	旋压轴向分力	P_z
旋后管件外径	D_f	旋压切向分力	P_t
管坯内半径	r_0	变形区单位压力	p
旋后管件外半径	R_f	旋压变形扭矩	M_t
旋后管件内径	d_f	旋压变形功率	N
		主轴电机力矩	M_p
旋后管件内半径	r_f	管坯与旋压模（滚珠）间	μ
管坯长度	L_0	摩擦系数	
旋后管件长度	l_f	管坯与芯模间摩擦系数	μ_0
壁厚绝对减薄量	Δt	材料屈服极限	σ_s
壁厚压缩率（减薄率）	ψ	平均变形抗力	σ_m
滚珠直径	D_p	材料抗拉强度	σ_b
滚珠半径	$R_p(r_p)$	滚珠与管件的接触面积	F
滚珠数量	m_0	接触面积的径向投影	F_r
滚珠旋压角（轴向）（成形角）	α	接触面积的切向投影	F_t
滚珠旋压角（径向）	α_y	接触面积的轴向投影	F_z
啮合角（轴向）	γ	变形应力平均值	σ_m
啮合角（径向）	γ_R	旋压应力系数	K
进给率（比、量）	f	变形区质点径向流动速度	V_r
管件或模座转速	n	变形区质点轴向流动速度	V_z
滚珠自转转速	n_z	变形区质点切向流动速度	V_t
滚珠公转转速	V_x	管坯断面面积	F_0
角速度	ω	管件旋压后断面面积	F_f
滚珠在模环中间隙	J	管件延伸系数	λ

参 考 文 献

[1] 王成和, 刘克璋等. 旋压技术 [M]. 北京: 机械工业出版社, 1986.

[2] 徐洪烈. 强力旋压技术 [M]. 北京: 国防工业出版社, 1984.

[3] M. I. Rotarescu. A theoretical analysis of tube spinning using balls. j of material processing Technology [C]. 1995, (54): 224~229.

[4] 卓国光, 韩丽珍. 快速变薄拉伸工艺及模具设计计算 [J]. 模具工业, 1986, (7): 16~21.

[5] 康达昌, 李茂盛, 陈宇. 滚珠旋压工艺力能参数的分析及计算 [J]. 材料科学与工艺. 2002, 10 (2): 179~182.

[6] 李茂盛, 康达昌, 张士宏, 颜永年. 滚珠旋压工艺中成形区接触压力的分析计算 [J]. 材料科学与工艺, 2004, 12 (2): 125~128.

[7] 江树勇, 薛克敏, 李春峰, 张军. 基于神经无网络的薄壁筒滚珠旋压成形缺陷诊断 [J]. 锻压技术, 2006, (3): 79~82.

[8] 薛克敏, 江树勇, 康达昌. 带纵向内筋薄壁筒形件强旋成形 [J]. 材料科学与工艺, 2002, 10 (3): 287~290.

[9] 王振生. 变薄旋压产品常见缺陷探讨 [J]. 金属成形工艺, 1999, (2).

[10] 洪奕, 周吉全, 李先禄. 薄壁圆筒件残余应力沿层分布的 X 射线法测试与分析 [J]. 机械强度, 1988, (10) 2.

[11] 刘云厚, 刘玉芳. 薄壁小锥度细长管件的钢珠旋压技术 [J]. 锻压技术, 1988, (13) 3: 40~42.

[12] 张士宏, 吴江. 薄壁不锈钢管滚珠旋压成形工艺研究 [J]. 锻压技术, 2009, (34) 3: 60~65.

[13] 冯庆祥. 弹性万向对中机构和滚珠旋压可调模具 [J]. 锻压机械, 1982, (8): 1~5.

[14] 张士宏, 吴江, 方蔓萝. 不锈钢薄壁管滚珠旋压模拟及缺陷分析 [J]. 航天制造技术, 2008, (1): 5~9.

[15] 赵兴乙. 短芯头旋压 [J]. 稀有金属合金加工, 1979, (4): 123~124.

[16] [苏] A. M. Маскиелйсон. 钢管精密矫直机 [J]. 钢管, 1990, (1): 52~54.

[17] 杨万洪. 高精度管壳的旋压加工 [J]. 机械工人冷加工, 1980, (3): 15~18.

[18] [苏] Ю·M·Бузиов 等. 高精度极薄壁圆筒体的新型旋压机 [J]. 重型机械, 1980, (6): 28~32.

[19] 梁淑贤, 吴凤照, 张淳芳. 高精度薄壁钼管旋压工艺 [J], 稀有金属材料

与工程，1995，8（24）：4.

[20] 李茂盛，张士宏，康达昌，颜永年. 滚珠旋压工艺的滚珠直径选择 [J]. 材料科学与工艺，2005，12：（13）6.

[21] 张士宏，吴江，张光亮. 滚珠旋压工艺在管材加工中的应用 [J]. 锻选与冲压，2008，（4）.

[22] 昌文华. 难熔金属旋压成形 [J]. 稀有金属材料与工程，1995，（6）.

[23] 冯庆祥. 双层滚珠旋压模具 [P]. 中国，实用新型专利 CN86209320.

[24] 李茂盛等. 双层滚珠旋压装置 [P]. 中国，实用新型专利 ZL 200620012965.

[25] 夏琴香等. 梯形内齿旋压成形缺陷分析及工艺方法研究 [A]. 第七届全国旋压技术交流会.

[26] 张涛等. 旋压成形带内筋筒形件的工艺研究及数值模拟 [J]. 机械工程学报，2007，（4）：109～118.

[27] 张涛等. 金属管材冷旋压成形过程的三维有限元数值模拟 [J]，锻压技术，2003，（2）：31～32.

[28] 李勇等. 铜热管内壁微沟槽的高速充液旋压加工 [J]. 华南理工大学学报，2007，3（35）.

[29] 葛文翰. 旋压筒形件的残余应力的分布研究 [J]. 锻压机械，1985，（3）.

[30] 李先禄等. 强力旋压薄壁筒形件的残余应力及其对产品性能的影响 [A]. 中国兵工学会压力加工学会第三届学术年会论文，1985，（1）.

[31] 贾文绎. 筒形件旋薄时的胀径及其控制 [J]. 锻压技术，1986，（5）.

[32] S. Kajpakjian, S. Rajagopal. 筒形件旋压的理论和实验研究 [J]. 兵器材料科学与工程，1985，（6）.

[33] 关秀兰，丛秀云. 小规格钼管的研制小结 [J]. 稀有金属合金加工，1976，（5）.

[34] S. H. Zhang. Introduction to a new CNC ball – spinning machine. Journal of Materials Processing Technology. 170 （2005）：112～114.

[35] 肖祖权. 旋压理论及旋压工艺的探讨. 鞍钢技术 [J]，1983，（5）：42～48.

[36] 武金有. 关于旋压工艺参数对表面残余应力影响的研究 [A]，第四届全国旋压技术交流会.

[37] 葛文翰. 筒形旋压件加工精度的分析 [A]. 第七届全国旋压技术交流会.

[38] 马振平. 行波管异形管壳的旋压与矫直 [A]. 第六届全国旋压技术交流会.

[39] 彭志新. 小锥度的细长管类零件旋压成形 [A]. 第六届全国旋压技术交流会.

[40] 葛文翰. 筒形件旋压残余应力影响初探 [A]. 第八届全国旋压技术交流会.

[41] 牛凤祥等. 钢珠旋压过程中力和工艺尺寸的计算 [A]. 第八届全国旋压技术交流会.

[42] 王成和, 马振平. LXC40-150 型旋压拉拔两用机床 [A]. 第八届全国旋压技术交流会.

[43] 樊桂森, 陈占民等. XYG15-110 立式滚珠旋压机的研制 [A]. 第九届全国旋压技术交流会.

[44] 马振平, 陈宝清. 行波管加载翼片异形管壳制造 [J]. 铜加工, 1983, (2).

[45] 聂勇, 冯建平. 铜管内螺纹成形与装置 [J]. 特种铸造及有色金属, 2006 年会专刊.

[46] 汤勇, 陈澄洲, 张发英. 内螺纹翅片铜管高速旋压拉伸成形的研究 [J]. 华南理工大学学报, 1997, (31): 6.

[47] 李勇, 汤勇, 肖博武, 等. 铜热管内壁微沟槽的高速充液旋压加工 [D]. 华南理工大学学报, 2007, 3 (35): 3.

[48] 阎雪峰, 曹跃进. 紫铜内螺纹高速旋压成形装置 [J]. 重型机械, 2000, (2): 13~17.

[49] 兰书第. 薄壁管形零件的钢球旋压 [M]. 北京: 国防工业出版社, 1976.

[50] E. Doege, V. Deac, M. I. Rotarescu. Experimental research and FEM analysis of steel behavior during tube flow-turning using ball. Advanced Technology of Plasticity. 5th International Conference on Technology of Plasticity.

[51] 江树勇, 赵立红, 郑玉峰, 李春峰. 基于有限元法纵向内筋薄壁筒反向滚珠旋压分析 [J]. 塑性工程学报, 2009, 16 (2).

[52] 温彤, 裴春雷, 李昌坤. 塑性成形过程的振动应用技术 [J]. 金属铸锻焊技术, 2009, (1).

[53] 陈定国. 卧式旋压冷拔机 [P]. 中国, ZL 专利号 93219169. X.

[54] 李克智, 李贺军等. 旋压筒形件残余应力的数值模拟 [J]. 塑性工程学报, 1998, 5 (3).

[55] 周原. 车床旋压加工薄壁长管 [J]. 机械工人冷加工, 1989.

[56] 邓长权, 陈清. 打印机复印机金属定影膜套管旋压拉伸方法及专用锁紧夹具 [P]. 专利公开号: CN101088651.

[57] 马振平, 孙昌国, 胡建中等. XK20-1 型数控录反旋压机的研制 [A]. 第七届全国旋压技术交流会, 1996.

［58］朱卫光等．金属管材旋压装置上的旋压模［P］．中国，专利号 CN201082441Y．

［59］赵云豪等．旋压技术与应用［M］．北京：机械工业出版社，2007．

［60］刘克璋．苏联发展旋压机的途径［J］．锻压机械，1987，（4）．

［61］张艳秋等．薄壁筒形件多道次滚珠旋压成形机理研究［J］．锻压技术，2010，35（2）：55~58．

［62］张士宏等．不锈钢薄壁管滚珠旋压模拟及缺陷分析［J］．制造技术研究，2008，（1）：5~9．

［63］江树勇等．基于有限元法纵向内筋薄壁筒反向滚珠旋压分析［J］．塑性工程学报，2009，16（2）：80~84．

［64］陈火红．Marc 有限元实例分析教程［M］．北京：机械工业出版社，2002．

［65］梁清香，张根全．有限元与 MARC 实现［M］．北京：机械工业出版社，2003．

［66］阚前华，常志宇．MSC.Marc 工程应用实例分析与二次开发［M］．北京：中国水利水电出版社，2005．

［67］王成，马振平．GX–80Ⅱ型立式管材旋压机研制报告（内部资料）［R］．2004．

冶金工业出版社部分图书推荐

双峰